U0155914

本书为贵州大学人才引进科研项目贵大人基合字（2020）042 "社群认知逻辑"成果

本书为贵州大学国家一流专业（哲学）建设系列教材

命题逻辑
基础教程

梁 真 / 著

贵州大学出版社
Guizhou University Press

图书在版编目（CIP）数据

命题逻辑基础教程 / 梁真著. -- 贵阳：贵州大学
出版社. 2023.11
ISBN 978-7-5691-0803-3

Ⅰ.①数… Ⅱ.①梁… Ⅲ.①命题逻辑 – 教材 Ⅳ.
①O141

中国国家版本馆CIP数据核字(2023)第196575号

命题逻辑基础教程
MINGTI LUOJI JICHU JIAOCHENG

著　　者：梁　真

出 版 人：闵　军
责任编辑：吴亚微
装帧设计：陈　丽

出版发行：贵州大学出版社有限责任公司
　　　　　地址：贵阳市花溪区贵州大学北校区出版大楼
　　　　　邮编：550025　电话：0851-88291180
印　　刷：贵州思捷华彩印刷有限公司
开　　本：889毫米×1194毫米　1/32
印　　张：5.375
字　　数：170千字
版　　次：2023年11月第1版
印　　次：2023年11月第1次印刷

书　　号：ISBN 978-7-5691-0803-3
定　　价：25.00元

前言

想把自己关于命题逻辑这一部分的理解写成一本书的想法在我内心埋藏已久。研究生二年级的时候，我的硕士生导师何向东教授就给了我宝贵的机会让我在他的全校通选课《逻辑学概论》上一展拳脚，后来我又获得了去奥克兰大学读博士研究生的机会，我的博士生导师 Jeremy Seligman 又让我做他的助教多次帮助他在学校辅导逻辑类的课程，毕业之后我来到了贵州大学，连续几年开设了关于逻辑学的校级通选课、院级必修课和选修课，这么算来我也勉强称得上是逻辑学的老教师了。尤其最近几年，每每被学生问到教材的事情，都有些尴尬，因为我的课没有专用的教材，基本都是一些来自奥克兰大学哲学系相关课程的英文讲义和我自己的手稿。国内不乏优秀教材，但它们或侧重于传统逻辑，花大量篇幅讲词项逻辑和非演绎逻辑；或过于形式化，对于文科背景的学生而言，不是很友好。所以，尽管这些教材都有足够的权威性和知识性，但并不适合于我的教学。于是，就有了这本书。

我记得我第一年跟着 Jeremy Seligman 做研究的时候，他不仅强调证明本身是否正确，还特别强调表达证明的方式是否合理、易懂，其研究品质深深地影响了我。他甚至给我推荐了一本薄薄的小册子，这本小册子是专门讲如何写数学证明的。后来，在我写博士论文的时候，我才意识到他的先见之明：完成证明是一回事情，写出证明是另一回事情。因为完成证明这件事只要求你自己能看懂就够了，而写出证明这件事情必须要让别人也能看懂。角度不同以及知识背景不同，直接决定了写作方法和写作结构的不同。很多时候，完成证明比写出证明要容易得多。直到现在，我也经常和朋友调侃说我需要一个助手，让我可以只做证明，不用写"证明"。

写教材亦是如此，关于形式逻辑这种抽象内容的教材更需要强调深入浅出。当然，我会尽力朝这个方向努力。我学逻辑学完全属机缘巧合。记得在中学当老师时偶尔接触了一本逻辑学教材，著者是杨树森老师，从那时起，我就被这门学问深深地吸引住了，之后还给杨老师写电子邮件请教过一些关于逻辑学的问题。考研时用的还是 20 世纪 70 年代末出的《普通逻辑》，也自学了陈波老师写的教材。因为天资一般，又没机会接受到系统训练，我无法深入理解所学知识，只能靠大量的练习，尤其是命题演算部分的内容。我记得在做了几百道自然演绎的证明题后，才朦朦胧胧体会到了何时该用条件证明，何时该用反证法。读研期间，我学习的资料绝大部分都是英文版教材、论文。这种半路出家的自学经历也是我写这本教材的又一个动机，我希望这本教材可以帮助到一些对逻辑学感兴趣的年轻人，使他们尽快地了解形式逻辑的一些基本研究方法。

因此，我努力站在读者的角度，假装自己是一个完全不懂数理逻辑的学生，来写作这本教材。基于这样的目的，我希望自己是一个"好演员"。由于自学逻辑学的缘故，我对数理逻辑的基础知识有自己的理解，因此我把本人探究式的思考成果分享在这本书里，希望能够给读者一点点启发。又由于 Jeremy Seligman 对我学术研究有深刻影响，他总是对我说："永远不要相信自己的直觉，一切未经证明的东西都不值得相信，哪怕是自认为很简单的知识甚至常识。"这使得我对证明本身有了一点"强迫症"，读者可以从书中的一些证明看到这一点，但这样的"强迫症"无疑是正面的。本书的最后一章是完全性证明，其内容来自我博士一年级时的练习手稿，Jeremy Seligman 在我一入学后就要求我在不求助任何资料的前提下，独立证明命题逻辑和谓词逻辑的完全性。在完成了这两个完全性证明之后，我才深刻地意识到自己的知识很"碎片化"，对绝大部分的逻辑学内容都是一知半解。这坚定了我想把这本书努力写好的决心，以服务于更多的有志之士。

这本书的知识范围在命题逻辑之内，从偏形式化的角度介绍了命题逻辑的基础内容，如真值表（附录部分）、真值树、自然演绎推理系统和公理系统。需要说明的是，之所以把真值表放到附录部分是因为在贵州大学哲学学院《数理逻辑》课程是给大二学生开设的，这些学生在大一时已经学习了普通逻辑，接触到了真值表。

本书的特点大概有以下三点：

一、本书介绍了多个推理系统，力图向读者展示针对同一个研究对象用不同的研究方法所带来的不同效果，以期对读者将来的学术研究有所启发。

二、本书力图向读者展示逻辑证明背后的思考方式。在自然演绎推理部分，尤其如此。我们强调倒推策略，用非常规的标号方式向读者展示应该如何发现证明的思路。

三、注重探究式的教学思路。讲授知识不是目的，讲授知识的来源才是目的。即从头到尾写出一个大的证明，比如完全性证明，这并不难。难的是如何让读者明白为什么要有这些步骤，为什么有的步骤在前，有的步骤在后。看逻辑学论文或者教材不应该以读小说或者读大多文科类教材那样，从开头读，而是应该从结尾读。因为逻辑学的论文或者教材为了其知识的完整性和易读性，通常都采用正叙的方式。不幸的是，正叙很可能掩盖了背后的证明思想，让读者在通读后觉得明白了，却说不出为什么要这么证明。这也正是本书力图避免的。比如在最后一章，我并没有采用传统的做法，把可靠性证明和完全性证明放在相应部分的结尾，而是把它们放在了相应部分的开始，以此引导学生——我们距离目标还差了什么东西，然后一步步地讲解缺漏部分并将所缺部分补齐，最终完成证明。通过这种设计，学生可以对整个证明从总体上有更深入的理解。

学习数理逻辑的方法只有一个：动笔。教材不是靠看，而是靠做。每一个例题都需要自己动手再证明一遍，想一想有没有其他的证明方法，以及方法之间孰优孰劣都要做到心里有底。如果有可能，可以再对比一些经典的数理逻辑教材读一读，加深自己对知识点的理解。

在此我要感谢我的硕士生导师何向东教授和我的博士生导师 Jeremy Seligman 教授，他们严谨求真的学术品格深深地影响了我，这让我一生受益。感谢贵州大学出版社的郭晓林老师和吴亚微老师，特别是吴亚微老师，感谢她对这本教材的辛勤付出和不厌其烦地校改，感谢她对我一再延期交稿的宽容、耐心和理解。感谢贵州大学哲学学院对本教材的支持，感谢领导们对我的信任和鼓励。最后，我要感谢我的家人，是他们的支持让我得以安心写作。

本书成书仓促，加之自身水平有限，错误与不足之处恳请同行和广大读者及时指教，谢谢。

梁 真

2023 年 10 月于贵州大学哲学学院

目　录

第一章
引　言

　　无论是形式逻辑还是非形式逻辑，逻辑学的研究目的，归根到底是为了提供一种评估论证好坏的工具。在日常生活中，我们总是在陈述事实和表达观点。为了说服别人相信我们所说，或者决定是否相信他人所说，都必须给予所表达的观点以一定的说服形式，我们日常称之为论证。然而，语言和采用语言表达的事实、观点之间并不是完美契合的，这意味着有时候我们使用的陈述只是表达了我们所认为的事实和观点，而并非该论述的听众所理解到的事实和观点。更有甚者，我们只是认为我们表达准确，而实际上，当我们过段时间重读所写时，竟然发现自己词不达意。造成这种现象的其中一个原因是我们使用的自然语言并不精确，充满了大量的歧义，表达模糊，从而干扰了我们做出准确的论述。为此，我们要做的第一步，就是限制我们论述时使用的语句，只有达到一定标准的语句才可以使用在逻辑学的论述中。这样的语句，我们称之为命题。

第一节 命题

定义 1 一个语句 ϕ 是命题当且仅当 ϕ 有真假。

这里的 ϕ 是元语言，泛指任何一个语句。在本书中，我们还会使用 ψ、θ 等表示任意语句或者命题。

命题是有真假的语句。很多读者会把"有真假"与"知道真假"相提并论，这是错误的。举个例子："火星上有生命存在。"这是一个命题。站在上帝视角，它是有真假的句子，虽然我们目前并不知道它的真假。所以，命题不仅包括了描述事实的句子，比如"北京是中国的首都"，也包括描述观点的句子，比如"这个品牌的面包味道不错"。

命题与语句的关系并非只是简单的子集关系。首先，一个命题可以用不同的语句来表达。比如："北京是中国的首都"和"北京难道不是中国的首都吗？"以及"北京是中国的中央政府所在地和政治中心"都表达同一个命题。其次，一个语句也可以用不同命题来表达。比如：张三和他的朋友闹了矛盾。这是一个歧义句，因为既可以理解成张三的朋

友，也可以理解成另一个人的朋友。所以这句话可以表示为
"张三和张三的朋友闹了矛盾"或"张三和他（并非张三）
的朋友闹了矛盾"。语句存在歧义的可能也是我们为什么在
逻辑学中使用命题而非语句的原因之一。

　　既然命题是有真假的语句，那么没有真假的语句自然不
是命题。这样的语句有哪些呢？首先，祈使句不是命题。祈
使句表示命令、建议或者请求，这里只存在是否合理，而
不存在真假的讨论。所以，祈使句不是命题。其次，疑问句
不是命题，这里所说的疑问句排除反问句。疑问句只是提出
问题，所要求的是对应的回答，问题本身并无真假。只有
反问句，自带回答，其回答本身是有真假的，比如上文提
到的"北京难道不是中国的首都吗？"等于是说"北京是中
国的首都"，因此是命题。最后，抒发情感的感叹句也没有
真假，所以也不是命题。比如"北京真是一座美丽的城市
啊！"这句话并非在谈论北京是否是一座美丽的城市，而只
是在赞美北京而已，这样的情感抒发是没有真假的，因而并
非命题。

第二节 论证

　　逻辑学研究的核心任务是推理形式。推理也即论证。所以我们首先要明确什么是论证。通俗来讲，论证就是一组命题，其中有一个命题是结论，而剩余的命题都是前提，前提对结论提供支持。更加严格的形式定义我们将在后面的章节中予以介绍。这里明确三点：其一，论证是由命题组成的，而非语句；其二，构成论证的前提必须对论证的结论具有支持作用，完成说理的效果；其三，一个论证内部可能嵌套着一些论证，这些论证的结论作为这个论证的前提，并且很多时候论证内部包含着多层嵌套。

　　我们日常见到的很多文本并不是论证，这是初学者往往意想不到的。比如产品的说明书、合格证、各种通知、请假条等这类带有明显解释、说明意图的文本都不是论证。根据上文所说的第二点，论证是以一组命题（前提）对一个命题（结论）的支持为鲜明特点的。读者不妨回想一下中学时写的作文、诗歌、散文、记叙文、说明文等都不是论证，而只有议论文才是论证。有些文本在这方面确实具有一定迷惑性。比如:"让你的狗身上不沾上跳蚤的一个好方法是在狗身上喷果醋"是建议。而"你的狗身上有跳蚤,让你的狗身上不沾上跳蚤的一个好方法是在狗身上喷果醋。所以,你应该往你的狗身上喷果醋"这才是论证。

1.2.1 演绎论证

论证可以分为演绎论证和非演绎论证。演绎论证是一般到特殊的论证,其前提支持结论的方式并不依赖于内容,而只决定于形式。比如下面这个论证:

如果你往狗身上喷果醋,那么它的身上就不会有跳蚤。你已经往狗身上喷了果醋。所以,狗的身上不会有跳蚤。

论证的最后一句是结论,其余都是前提。这是一个演绎论证,因为如果我们换掉对应的内容,而保持前提和结论的本来形式,就可以得到一个同类论证。比如:

如果下雨,那么地就会湿。下雨了。所以,地会湿。

网络作家蔡智恒在其成名作《第一次亲密接触》的开头写道："如果我有一千万，我就能买房子。我有一千万吗？没有。所以我仍然没有房子。"

非演绎论证是从特殊到一般的论证，前提支持结论的方式与内容相关，而与形式无关，所以非演绎论证主要涉及我们的经验观察。非演绎论证主要可分为归纳论证、类比论证等。日常生活中绝大部分论证都属于非演绎论证。比如下面的这些论证：

1. 现在多云。所以，有可能今天下雨。

2. 迄今为止我们遇到的所有女巫都是寡妇。所以，有可能每一个女巫都是寡妇。

3. 我们目前遇到的哲学家都是怪人。所以，可以推测我们遇到的下一个哲学家还是怪人。

很多书中，把演绎论证又称为必然性论证，非演绎推理称为或然性论证。这种说法强调的是前提对结论的支持力度的不同，毕竟再好的非演绎推理也存在前提为真时结论为假的可能。

1.2.2 演绎论证的有效性

如何判断一个演绎论证是好的演绎论证呢？我们引入有效性这个概念。

定义2 演绎论证是有效的，当且仅当不存在所有前提都为真，但结论为假的情况。

就像我们在上一节介绍演绎论证时说的，演绎论证是有关形式的论证。因此，演绎论证的有效性实质上是其形式的有效性，与内容无关，即与前提和结论的真假无关。请看下面的例子：

1. 或者是张三干了这件事，或者是李四干了这件事。张三没有干这件事。所以，李四干了这件事。

2. 正方形是四边形。菱形是四边形。所以，正方形是菱形。

3. 所有沙发都是家具。所有家具都是面粉做的。所以，所有沙发都是面粉做的。

4. 所有沙发都是家具。所有家具都是面粉做的。所以，所有沙发都不是面粉做的。

对1来说，我们并不需要知道这个论证所涉及的具体内容，即张三和李四究竟是谁，到底是哪件具体的事情，不知道这些内容并不妨碍我们评估这个论证。假设该论证的两个前提为真，则该论证的结论必定是真的。否则，当李四没有干这件事，则根据第二个前提，张三和李四都没有干这件事，第一个前提就不能是真的。所以，这是一个有效的推理。

很多同学可能会认为例 2 是一个有效的推理，因为其结论是真的。既然我们已经知道演绎论证是否有效与其具体内容无关，这里不妨采用替换法，即保留其论证的形式但替换掉其具体内容，看一下替换后的论证是否依然有效。我们可以把例 2 中的"正方形""菱形"和"四边形"分别替换成"男人""女人"和"人"，则有这样的论述：

男人是人，女人是人。所以，男人是女人。

因此，这是一个无效的推理。从而说明例 2 的推理形式是有问题的，是一个无效的推理。

我们再来看例 3。假设前提都是真的。如果想证明结论是假的，则需要存在至少一个沙发，且它不是面粉做的。根据第一个前提，这个沙发是家具。再根据第二个前提，这个沙发是面粉做的。这是矛盾的。这说明，但凡我们假设两个前提都是真的，则结论不可能是假的。根据定义 2，这是一个有效的论证。

最后，我们来看例 4。例 4 与例 3 有相同的前提，区别只是结论不同。读者们可以仿照例 3 的证明思路自己研究一下，就会发现当结论为假时并不会出现矛盾。这说明，前提为真但结论为假的情况是可能的。因而这是一个无效的论证。

我们来总结一下上述几个例子带给我们的启发。首先，演绎推理的有效性与其具体内容无关，只与其前提和结论的形式结构有关，这些我们将在后面的章节中继续讨论。其次，演绎推理是否有效与其前提、结论的真假无关。例 2 和例 4 中虽然结论是真的，但并不能说明该论证是有效的。例 3 中的至少一个前提和结论都是假的，并不妨碍该论证是个有效论证。读者们在今后的学习中要特别重视书中给出的定义，严格依照定义的要求给予判断，而不是想当然地认为。

我们再来仔细研究一下定义 2。该定义提到了"情况"一词。其更准确地表达为"可能性"。一种情况就是一种可能性。可能性又分为经验可能性和逻辑可能性。下面这个例子可以很好地诠释两者的区别。

永恒号飞船从米勒星球出发，花了六个小时到达了曼恩星球。所以，米勒星球和曼恩星球之间的距离不超过 7×10^9 km。

　　这个论证是不是有效的呢？绝大部分读者都知道飞船的速度是不可能超过光速的。基于此，大家可能会认为这是一个有效的推理。但试想一下，三百年前当人们不知道任何物体的运动速度不能超过光速，甚至不知道光速具体是多少的时候，他们只要假设飞船以一个很快的速度飞行，就会存在一种情况使得前提为真、结论为假。也许三百年后，随着宇宙物理的发展，人们学会了利用虫洞等扭曲空间的操作方式，在六个小时里飞行的距离远大于结论所说的距离。这又表明该论证是无效的。如果事情真如我们上述讨论的那样（这种可能性是存在的），则上述论证一会儿是有效的，一会儿是无效的，再一会儿又是有效的。显然，我们不希望面对如此尴尬的情况，我们希望定义 2 可以始终告诉我们唯一的确定答案。如何避免这种尴尬的情况出现呢？答案是以逻辑可能性来考察论证的有效性。基于经验的可能性总是脱离不开我们真实的世界和我们已有的知识背景。比如，当我们考虑到在逻辑的可能性上，有一种生物既是狗，也是猫（比如该种生物长了两个头，一个猫头，一个狗头），则论证："所有的猫是哺乳动物。所有的狗是哺乳动物。所以，没有猫是狗。"就是一个无效论证。

第三节 一些逻辑概念

在这一节，我们介绍一些逻辑概念，这些概念将在我们以后的学习中有着重要的作用。在目前的知识背景下，我们只能以自然语言的方式来介绍这些概念，将来会在形式语言的基础上重新认识这些概念。我们把这些概念分为两类：第一类概念旨在描述命题本身的特定属性；第二类概念旨在描述命题和命题之间（或者说，命题集合内部）的关系属性。

请看下面三个命题：

1. 现在外面或者刮风，或者不刮风。
2. 现在外面既刮风，又不刮风。
3. 现在外面或者刮风，或者下雨。

显然，第一个命题永远都是真的。在同一个地方，同一个时间，刮风或者不刮风的现象必有其一。逻辑上把这样总是真的命题叫作重言式。第二个命题永远都是假的。

在同一个地方，同一时间，不可能相互矛盾的事情同时发生。逻辑上把这样总是为假的命题叫作矛盾式。第三个命题可以是真的，也可以是假的，其真假依据具体的情况判定，所以它既不是重言式，也不是矛盾式。逻辑上把这样的命题叫作可满足式。我们给上述定义做个总结：

- 一个命题 ϕ 是重言式当且仅当 ϕ 总是真的。
- 一个命题 ϕ 是矛盾式当且仅当 ϕ 总是假的。
- 一个命题 ϕ 是可满足式当且仅当 ϕ 既不是重言式，也不是矛盾式。

这些定义描述的性质是关于命题本身的。当我们把目光转移到命题与命题之间时，我们可能会想知道两个命题是不是总是同时为真，或者它们是不是总是真假相对，这就需要其他一些概念来描述。请看下面几组命题：

1. 所有天鹅都是白的。并非有天鹅不是白的。
2. 所有天鹅都是白的。有些天鹅不是白的。
3. 所有天鹅都是白的。所有天鹅都不是白的。
4. 有些天鹅是白的。有些天鹅是黑的。

第一组中的两个命题可以很容易地看出它们的真值总是一样的，即它们或者同时为真，或者同时为假，不可能出现其中一个命题是真的，但同时另一个命题是假的这样的情况。我们把具有这样关系的两个命题叫作等值命题。

相反，第二组的两个命题的真值总是不一样的，当其中一个命题为真时，另一个命题一定是假的，不可能出现两个命题同时是真的，或者同时是假的情况。我们把具有这样关系的两个命题叫作矛盾命题。

第三组的两个命题可以同时是假的，比如在一部分天鹅是白的，另一部分天鹅是黑的情况下。但两个命题不可能同时是真的，当肯定"所有天鹅都是白的"时候，就必须否定"所有天鹅都不是白的"。具有这样关系的两个命题，我们称之为反对关系命题。

第四组的两个命题是可以同时为真的，即存在一种情况使得两个命题同时得到满足。我们把具有这样关系的两个命题称之为一致性的命题。一致性是我们学习的重点。需要强调的是，一致性并非一定只谈论两个命题。对于任意数量的命题，只要存在一种情况使得这些命题同时为真，那么这些命题就具有一致性，并且当我们把这些命题组成一个集合时，这个集合也被称为一致集。最后再说明一点，具备等值关系的命题并不一定是一致的，当两个命题都是矛盾式时，它们就是等值但不一致的。具备矛盾或者反对关系的命题则一定是不一致的。

最后，我们对上述四组命题所介绍的定义做一个总结。

• 命题 $\phi_1,\phi_2\ldots\phi_k$ 是等值的，当且仅当在任何情况下 $\phi_1,\phi_2\ldots\phi_k$ 都同时是真的或者假的。

• 命题 ϕ_1 和 ϕ_2 是矛盾的，当且仅当在任何情况下 ϕ_1 和 ϕ_2 都不可能同时是真的，也不可能同时是假的。

• 命题 $\phi_1,\phi_2\ldots\phi_k$ 是一致的，当且仅当存在一种情况使得 $\phi_1,\phi_2\ldots\phi_k$ 同时是真的。

第四节 章节概览

本书的主要内容是以形式化的方法介绍命题逻辑的基本概念、演算推理和命题系统的可靠性和完全性。主要面向高校哲学、计算机和数学等专业的低年级学生，也可用于逻辑学爱好者规范化其兴趣知识。

在第二章，我们将介绍命题逻辑的语言和语义，并通过比较简单的例子介绍结构归纳法的证明方法，这种方法将被广泛使用于最后一章的命题逻辑的完全性证明中。

在第三章，我们将介绍真值树。真值树在国内的逻辑学教材中介绍得比较少，但它很形象地展示了如何在免真值计算的情况下判定公式（集）和论证的性质，同时，真值树包含了规则和规则的使用，为读者学习自然演绎推理做了良好的准备工作。我们将看到如何用真值树判定公式是否是重言式、矛盾式或者可满足式；如何判定公式之间是否有一致的、矛盾的或者等值的关系；如何判定一个推理是否有效，以及如何为无效的推理构造反例证明其无效。

在第四章，我们将介绍本书的重点内容：自然演绎推理系统。国内的很多逻辑学教材都详细讲解了自然演绎推理。本书相比其他教材，给出的系统规则更加简洁，并根据证明的方法论分批介绍各个规则。本书的一大新意是运用倒推的思路以构造自然演绎推理，强调以结果为导向，构建证明思路。在这一章，我们介绍了大量例题，并辅以必要的点拨，很多例题具有较强的代表性，可以帮助读者洞见证明的技巧。

在第五章，我们将介绍本书的难点内容：命题逻辑的系统性质。我们首先介绍公理系统，并区分语言和语义范畴。然后我们引导读者思考系统的可靠性和完全性。我们依照倒推的思路，引导学生一步步以拼图的方式构造可靠性和完全性的证明，不断在"我们需要什么"和"我们已有什么"之间往复思考，力求让读者真正理解为什么要这么证明，而不是像一般的教科书那样只是从前往后罗列这些证明，使得读者读起来很"明白"，但并不理解证明背后的原因。

本书另有附录部分，介绍了真值表，这是为了一些没有接触过普通逻辑的读者准备的，与真值树部分类似，我们使用真值表完成了各种公式（集）的性质判定，也介绍了如何使用归谬赋值法更加便捷地实现这些判定。

练习题

1. 判断下列语句是否是命题。

（1）北京的冬天每天都低于零摄氏度。

（2）这里的风景真是美不胜收！

（3）三加三难道等于五？

（4）外面谁在吵闹？

（5）大干三十天，进度我领先！

（6）要不是他昨晚值班，仓库里的东西早就被偷光了。

2. 判断下列命题是重言式、矛盾式还是可满足式。

（1）你爱，或者不爱我。

（2）花非花，雾非雾。

（3）你见，或者不见我，我就在那里，不悲不喜。

（4）如果下雨了，你进门时的雨伞就会是湿的。

（5）地球是圆的。

3. 判断下列几组命题之间的关系。

（1）所有哺乳动物都是胎生的。

　　鸭嘴兽是哺乳动物。

鸭嘴兽不是胎生的。

（2）所有哺乳动物都是胎生的。

所有不是胎生的都不是哺乳动物。

（3）有的哺乳动物是胎生的。

有的胎生动物是哺乳动物。

（4）宇宙中必然存在着外星人。

宇宙中有可能没有外星人。

4. 判断下列论证是否是有效论证。

（1）如果我有翅膀，我就能飞。

我没有翅膀。

所以，我不能飞。

（2）如果小明这次能考及格，那么母猪都会上树。

小明这次竟然真的考及格了。

所以，母猪会上树。

（3）1=2

罗素和教皇是两个人。

所以，罗素和教皇是同一个人。

第二章

命题逻辑的语言和语义

　　命题逻辑是以命题为最小单位来研究推理形式的逻辑。命题被分为原子命题和复合命题。原子命题可以看作我们自然语言中的简单命题，这里可以借用英语中的五种简单句型来理解什么叫作简单命题。通常情况下，符合五种简单句型结构的命题都是原子命题。在命题逻辑中，我们通常用小写的英文字母来表示原子命题，并称这样的英文字母为命题变元。下面列举了一些简单命题和它在命题逻辑中可选的符号表示。读者可以在这些简单命题中看到五种简单句型的影子。

命题	符号表示
你很胖。	p
我饿了。	q
小鸡正在吃米。	r
我向他借了十元钱。	p_1
张三把李四打得头破血流。	q_4

复合命题指的是由一个或者多个原子命题和联结词构造的命题。命题逻辑中使用的联结词模仿了自然语言中一些连词的作用,这些连词包括:并且、但是、或者、如果……那么……,等等。我们举例某些复合命题和它们合法的符号表示如下:

复合命题	符号表示
或者张三把李四打得头破血流(p),或者李四把张三打得头破血流(q)。	或者p或者q
我饿了(p)并且他也饿了(q)。	p并且q
如果我向他借了十元钱(r),那么我就不饿了。	如果r,那么并非p

现在，我们只要把联结词也变成符号，就可以把复合命题用符号来表示了。为此，我们用下面的联结词的符号化表示。

联结词	符号表示
并非……	$\neg$
……并且……	$\wedge$
……或者……	$\vee$
如果……那么……	$\rightarrow$
……当且仅当……	$\leftrightarrow$

所以，上面表格里的复合命题现在可以表示为：

复合命题	符号表示
或者张三把李四打得头破血流（p），或者李四把张三打得头破血流（q）。	$p \vee q$
我饿了（p）并且他也饿了（q）。	$p \wedge q$
如果我向他借了十元钱（r），那么我就不饿了。	$r \rightarrow \neg p$

以上，我们介绍的内容被称之为自然语言的符号化。我们这里的介绍十分简略，因为本书的重点并不关注于此，感兴趣的同学可以参阅普通逻辑方面的书籍。

第一节 语言

命题逻辑使用的语言是一个符号系统，也就是一种人工语言。并不是每一个符号都可以在一个符号系统里合法使用，就像并不是随意的横、撇、竖、捺组成的图形都可以当作汉字。所以，我们首先要定义哪些符号是可以出现在命题逻辑所使用的语言中，即我们称为 $\mathcal{L}$ 的合法公式。通过列举，把每一个合法公式从所有的符号组合中区分出来显然是不现实的，因为，即使是用只包含一个命题变元的集合（我们称这样的集合为单元集），比如 {p}，和一个联结词，比如 ¬，也能构造无穷多个的符号，如 p, ¬p, ¬¬p, ... 等，因为符号的长度是可以任意的。我们需要一个定义使得我们可以一步到位、一劳永逸地把所有的合法公式从可能的符号组合中区分出来。这里，我们采用的方法叫作结构归纳法。读者可以从我们下面给出的 $\mathcal{L}$ 语言的定义中，理解结构归纳法。

2.1.1 形式语言$\mathcal{L}$

定义 3 给定命题变元集Prop $= \{p, q, r, \dots\}$，$\mathcal{L}$的合法公式是根据下列规则形成的符号串：

- Prop里的所有命题变元都是$\mathcal{L}$的合法公式；
- 如果ϕ是$\mathcal{L}$的合法公式，则$\neg\phi$也是；
- 如果ϕ和ψ都是$\mathcal{L}$的合法公式，则$(\phi \wedge \psi)$也是；
- 如果ϕ和ψ都是$\mathcal{L}$的合法公式，则$(\phi \vee \psi)$也是；
- 如果ϕ和ψ都是$\mathcal{L}$的合法公式，则$(\phi \rightarrow \psi)$也是；
- 如果ϕ和ψ都是$\mathcal{L}$的合法公式，则$(\phi \leftrightarrow \psi)$也是；
- 只有这些是$\mathcal{L}$的合法公式。

我们来解释一下这个定义。首先，定义里出现的ϕ [①] 和ψ是元语言。所谓元语言，就是描述对象语言所使用的语言。在这里，对象语言就是$\mathcal{L}$。元语言并不出现在对象语言里，所以，$\mathcal{L}$中是不会有ϕ和ψ这样的字符的。元语言的作用在于指代任何一个（串）$\mathcal{L}$中的字符串。其次，我们借用这个定义来理解上文提到的结构归纳法。高中时我们学过用数学归

---

① 本书中φ与ϕ是一个字符的两种写法，有混用。

纳法证明自然数集 $\mathcal{N}$ 上有 P 性质所采用的步骤是：先证明 0 有 P 性质；再证明假设 n 有 P 性质时，$n+1$ 有 P 性质。与数学归纳法类似，在上述定义中，我们也先设定一个起点：Prop 里的所有命题变元都是 $\mathcal{L}$ 的合法公式，这里的 Prop 是定义语言前给定的，可以看作一个已知条件。基于这个起点，我们可以假设当任意字符串（由 ϕ 或者 ψ 指代）为合法公式时，$\neg\phi, (\phi \to \psi), (\phi \wedge \psi), (\phi \vee \psi), (\phi \leftrightarrow \psi)$ 也是合法公式。这样就一次性地把所有合法公式都定义了出来。任给一个字符串，我们都可以按照下面的程序判断它是否是 $\mathcal{L}$ 的合法公式。

$$\dfrac{\dfrac{p \qquad q\neg?}{(p \wedge \neg q\neg)}\wedge \quad p}{((p \wedge \neg q\neg) \leftrightarrow p)} \leftrightarrow$$

因为 $q\neg$ 不是合法公式，所以，$((p \wedge \neg q\neg) \leftrightarrow p)$ 不是合法公式。

$$\dfrac{\dfrac{p \quad \dfrac{q \quad r}{(q \to r)}}{(p \to (q \to r))} \quad \to \quad \dfrac{\dfrac{\dfrac{p \quad q}{(p \wedge q)} \wedge \dfrac{p \quad r}{(p \wedge r)}\wedge}{((p \wedge q) \to (p \vee r))}}{\neg((p \wedge q) \to (p \vee r))}\neg}{((p \to (q \to r)) \wedge \neg((p \wedge q) \to (p \vee r)))}\wedge$$

所以，该公式是合法公式。

2.1.2 子公式和主联结词

顾名思义，一个公式 ϕ 的子公式就是出现在 ϕ 中的公式，

并且 ϕ 本身也是 ϕ 的子公式。当 ψ 在 ϕ 中出现却 $\phi \neq \psi$ 时，ψ 是 ϕ 的真子公式。什么是主联结词呢？一个公式的主联结词指的是组成该公式最后一步时使用的联结词。比如上例中的公式 $((p \to (q \to r)) \wedge \neg((p \wedge q) \to (p \vee r)))$，其主联结词是 $\wedge$。我们可以仿照定义3，给出关于子公式和主联结词的递归定义如下：

定义4 对任意 $p \in \mathrm{Prop}$,

• p 是 p 的唯一子公式，且 p 无主联结词；

• ϕ 和 $\neg\phi$ 都是 $\neg\phi$ 的子公式，并且 $\neg$ 是 $\neg\phi$ 的主联结词；

• ϕ, ψ 和 $(\phi \wedge \psi)$ 都是 $(\phi \wedge \psi)$ 的子公式，并且 $\wedge$ 是 $(\phi \wedge \psi)$ 的主联结词；

• ϕ, ψ 和 $(\phi \vee \psi)$ 都是 $(\phi \vee \psi)$ 的子公式，并且 $\vee$ 是 $(\phi \vee \psi)$ 的主联结词；

• ϕ, ψ 和 $(\phi \to \psi)$ 都是 $(\phi \to \psi)$ 的子公式，并且 $\to$ 是 $(\phi \to \psi)$ 的主联结词；

• ϕ, ψ 和 $(\phi \leftrightarrow \psi)$ 都是 $(\phi \leftrightarrow \psi)$ 的子公式，并且 $\leftrightarrow$ 是 $(\phi \leftrightarrow \psi)$ 的主联结词。

第二节　语义

　　我们在上一节中定义了$\mathcal{L}$的公式，从而能够形式化自然语言中的命题。但我们建立逻辑系统的最终目的是研究推理形式，进而可以评估推理是否合理。回想上一章，我们介绍了一个推理是有效的，即当且仅当不存在前提为真，但结论为假的情况。在判定一个推理是否有效时，我们用到了"真""假"这样的概念。但$\mathcal{L}$公式只是符号系统，其本身并没有真假的属性。所以，为了使用$\mathcal{L}$判定推理的真假，我们还需要赋予$\mathcal{L}$公式真值。这就是我们这一节讨论$\mathcal{L}$语义的原因。

　　和我们在定义$\mathcal{L}$公式时遇到的情况类似，我们需要给无穷多的公式指派真值。显然，一个一个公式去具体的指派是不现实的。我们仍然需要使用结构归纳法，说明定义 3 中的每一类的公式是如何计算出真值的。

　　对于命题变元的真值，我们定义真值函数$V : \mathrm{Prop} \longrightarrow \{1, 0\}$。$V$为每个命题变元指派一个1或者0的真值。需要注意的是，这里的V并不是某个具体的函数，而是一类函数的统一定义。学过真值表的同学都知道，一个只含有一个命题变元的真值表天然地有两行，含有两个命题变元的真值表则天然地有四行。这里的每一行表示某一个具体的真值指派，也就是一个具体的真值函数。

真值函数V的定义域只是Prop，这表明V只能为命题变元指派真值，而不能为所有公式指派真值。那么为什么不能把V的定义域设定为 L 公式集呢？其中一个原因是，这么做的话，就会出现某个具体的"V"，使得"$V(\neg(p \rightarrow q)) = 1$并且$V((p \rightarrow q)) = 1$"。这显然是不符合逻辑的。

根据定义 3，复合命题的公式是递归定义得到的。这给了我们启发：我们借助于V，定义V'，而V'的定义域恰好是$\mathcal{L}$公式集。为了方便表示，我们令WFF表示$\mathcal{L}$公式集，即包含了所有$\mathcal{L}$的公式的集合。

定义 5　给定真值函数V，递归定义$V' : \text{WFF} \longrightarrow \{1, 0\}$如下：

$$V'(p) = 1 \qquad 当且仅当 \quad V(p) = 1$$
$$V'(\neg\phi) = 1 \qquad 当且仅当 \quad V'(\phi) = 0$$
$$V'((\phi \wedge \psi)) = 1 \quad 当且仅当 \quad V'(\phi) = V'(\psi) = 1$$
$$V'((\phi \vee \psi)) = 1 \quad 当且仅当 \quad V'(\phi) = 1或者V'(\psi) = 1$$

$$V'((\phi \rightarrow \psi)) = 1 \quad \text{当且仅当} \quad V'(\phi) = 0 \text{或者} V'(\psi) = 1$$
$$V'((\phi \leftrightarrow \psi)) = 1 \quad \text{当且仅当} \quad V'(\phi) = V'(\psi)$$

为了展示公式的真值是如何计算的，我们举例计算公式 $(p \rightarrow (q \rightarrow q))$ 的真值。

$V'(p \rightarrow (q \rightarrow q))) = 1$，当且仅当 $V'(p) = 0$ 或者 $V'((q \rightarrow p)) = 1$，当且仅当 $V'(p) = 0$ 或者 $V'(q) = 0$ 或者 $V'(p) = 1$。因为我们总有 $V'(p) = 0$ 或者 $V'(p) = 1$，所以，$V'(p \rightarrow (q \rightarrow q))) = 1$。

可以看到，在计算公式方面，定义 5 使用起来有点别扭，它更适合用在一些我们以后遇到的证明中。我们给出另一个语义定义，借以展示其计算的便捷性，并引入一种十分重要的证明方法：结构归纳法。

定义 6 给定真值函数 V，递归定义 $V'' \colon \mathrm{WFF} \longrightarrow \{1, 0\}$ 如下：

$$V''(p) = V(p)$$
$$V''(\neg\phi) = 1 - V''(\phi)$$

$$V''((\phi \wedge \psi)) = \mathbf{Min}(V''(\phi), V''(\psi))$$

$$V''((\phi \vee \psi)) = \mathbf{Max}(V''(\phi), V''(\psi))$$

$$V''((\phi \to \psi)) = \mathbf{Max}(1 - V''(\phi), V''(\psi))$$

$$V''((\phi \leftrightarrow \psi)) = 1 - |V''(\phi) - V''(\psi)|$$

再次计算公式$(p \to (q \to q))$的真值如下：

$$V''(p \to (q \to q)) = \mathbf{Max}(1 - V''(p), V''((q \to p))) =$$
$\mathbf{Max}(1 - V''(p), \mathbf{Max}(1 - V''(q), V''(p))$ 当 $V''(p) = 1$ 时，
$V''(p \to (q \to p)) = 1$；

当$V''(p) = 0$时，$V''(p \to (q \to p)) = 1$。所以，$V''(p \to (q \to p)) = 1$。

然而，V'与V''在这次计算公式真值结果的一致，并不能证明两者总是结果一致的。我们需要证明下面这个事实。

命题 1：对任意 $\phi \in$ WFF，有 $V'(\phi) = 1$ 当且仅当 $V''(\phi) = 1$。

显然，我们不能采用列举ϕ的方法尝试证明上述命题，因为ϕ的数量是无穷的。我们也不能指定具体ϕ是哪种形式的公式，因为ϕ是任意的。受定义 3 启发，我们可以先证明

对任意原子命题 $p \in \mathsf{Prop}$，V' 与 V'' 的计算结果一致，那么再证明其余情况下，它们的计算结果也是一致的。证明细节如下：

证明：

基础情况：$\phi = p \in \mathsf{Prop}$

此时，我们要证明的是：$V'(p) = 1$ 当且仅当 $V''(p) = 1$。

显然，根据 V' 与 V'' 的定义，我们有：$V'(p) = V''(p) = V(p)$。得证。

归纳情况 1：$\phi = \neg\psi$

此时，我们要证明的是：假设 $V'(\psi) = 1$ 当且仅当 $V''(\psi) = 1$ [①]，则：$V'(\neg\psi) = 1$ 当且仅当 $V''(\neg\psi) = 1$。

根据 V' 的定义，$V'(\neg\psi) = 1$ 当且仅当 $V'(\psi) = 0$。根据归纳假设，$V'(\psi) = 0$ 当且仅当 $V''(\psi) = 0$。根据 V'' 的定义，$V''(\psi) = 0$ 当且仅当 $V''(\neg\psi) = 1$。得证。

归纳情况 2：$\phi = (\psi \wedge \theta)$

此时，我们要证明的是：假设 $V'(\psi) = 1$ 当且仅当 $V''(\psi) = 1$，并且 $V'(\theta) = 1$ 当且仅当 $V''(\theta) = 1$，则

———————————

① 这里的假设又称作归纳假设，是结构归纳法的组成部分。

$V'((\psi \wedge \theta)) = 1$当且仅当$V''((\psi \wedge \theta)) = 1$。根据$V'$的定义，$V'((\psi \wedge \theta)) = 1$当且仅当$V'(\psi) = V'(\theta) = 1$。根据归纳假设，$V'(\psi) = V'(\theta) = 1$当且仅当$V''(\psi) = V''(\theta) = 1$。根据$V''$的定义，$V''(\psi) = V''(\theta) = 1$当且仅当$\mathbf{Min}(V''(\psi), V''(\theta)) = 1$当且仅当$V''((\psi \wedge \theta)) = 1$。得证。

归纳情况 3：$\phi = (\psi \vee \theta)$

此时，我们要证明的是：假设$V'(\psi) = 1$当且仅当$V''(\psi) = 1$，并且$V'(\theta) = 1$当且仅当$V''(\theta) = 1$，则$V'((\psi \vee \theta)) = 1$当且仅当$V''((\psi \vee \theta)) = 1$。

根据V'的定义，$V'((\psi \vee \theta)) = 1$当且仅当$V'(\psi) = 1$或者$V'(\theta) = 1$。

据归纳假设，$V'(\psi) = 1$或者$V'(\theta) = 1$，当且仅当$V''(\psi) = 1$或者$V''(\theta) = 1$。根据V''的定义，$V''(\psi) = 1$或者$V''(\theta) = 1$当且仅当$\mathbf{Max}(V''(\psi), V''(\theta)) = 1$当且仅当$V''((\psi \vee \theta)) = 1$。得证。

归纳情况 4：$\phi = (\psi \to \theta)$

此时，我们要证明的是：假设$V'(\psi) = 1$当且仅当$V''(\psi) = 1$，并且$V'(\theta) = 1$当且仅当$V''(\theta) = 1$，则$V'((\psi \to \theta)) = 1$当且仅当$V''((\psi \to \theta)) = 1$。

根据V'的定义，$V'((\psi \to \theta)) = 1$当且仅当$V'(\psi) = 0$或者$V'(\theta) = 1$。根据归纳假设，$V'(\psi) = 0$或者$V'(\theta) = 1$，当且仅当$V''(\psi) = 0$或者$V''(\theta) = 1$。

根据V''的定义，$V''(\psi) = 0$或者$V''(\theta) = 1$当且仅当$\mathbf{Max}(1 - V''(\psi), V''(\theta)) = 1$当且仅当$V''((\psi \to \theta)) = 1$。得证。

归纳情况5：$\phi = (\psi \leftrightarrow \theta)$

此时，我们要证明的是：假设$V'(\psi) = 1$当且仅当$V''(\psi) = 1$，并且$V'(\theta) = 1$当且仅当$V''(\theta) = 1$，则$V'((\psi \leftrightarrow \theta)) = 1$当且仅当$V''((\psi \leftrightarrow \theta)) = 1$。根据$V'$的定义，$V'((\psi \leftrightarrow \theta)) = 1$当且仅当$V'(\psi) = V'(\theta)$。根据归纳假设，$V'(\psi) = V'(\theta)$当且仅当$V''(\psi) = V''(\theta)$。根据$V''$的定义，$V''(\psi) = V''(\theta)$当且仅当$1 - |V''(\phi) - V''(\psi)|$当且仅当$V''((\psi \leftrightarrow \theta)) = 1$。得证。

既然V'与V''是等值的，我们在以后的使用中会依照方便的原则在二者之间选择使用。

现在我们回看定义5，本书的读者默认是学过普通逻辑的，所以，应该是熟悉真值表的，如果不熟悉，则请参看附录中真值表部分。用真值表去理解定义5，读者们可能认为是理所当然的。然而，定义5是把V'定义为函数的，既如此，就存在了 16[①] 种可能的定义方式，而定义 5 给出的 V' 只是其中的几种而已，比如合取的 V' 计算，实际上是一个 $V'_\wedge$ 函数使得输入两个 1 时，输出 1，其他情况下都输出 0。我们把这 16 种列举出来，并在表格的第一行给出在 V' 的定义下的表达公式。

$V'(\phi)$	$V'(\psi)$	$V'((\phi \vee \psi))$	$V'((\psi \to \phi))$	$\top$	$V'((\phi \to \psi))$
1	1	1	1	1	1
1	0	1	1	1	0
0	1	1	0	1	1
0	0	0	1	1	1

$\bot$	$V'((\phi \leftrightarrow \psi))$	$V'((\phi \wedge \psi))$	$V'(\neg(\phi \wedge \psi))$	$V'(\neg(\phi \leftrightarrow \psi))$
0	1	1	0	0
0	0	0	1	1
0	0	0	1	1
0	1	0	1	0

---

① 输入 1×输入 2×输出，因为它们均取值 0 或者 1，所以共有 2×2×2=16 种。

$V'(\neg\psi)$	$V'(\neg(\phi\rightarrow\psi))$	$V'(\neg\phi)$	$V'(\neg(\psi\rightarrow\phi))$	$V'(\neg(\phi\vee\psi))$
0	0	0	0	0
1	1	0	0	0
0	0	1	1	0
1	0	1	0	1

2.2.1 重言式、矛盾式和可满足式

在 1.3 节中，我们介绍了重言式、矛盾式和可满足式的定义。现在我们有了形式语义定义，我们可以给予这些概念形式化的定义。

定义 7 对任意公式 $\phi \in$ WFF 和公式集 $\Delta \subseteq$ WFF，

ϕ是重言式当且仅当对任意V，$V'(\phi) = 1$。

ϕ是矛盾式当且仅当对任意V，$V'(\phi) = 0$。

ϕ是可满足式当且仅当ϕ既不是重言式，也不是矛盾式。

ϕ是可满足的当且仅当ϕ是可满足式。

ϕ和ψ是逻辑等值的当且仅当对任意V，$V'(\phi) = V'(\psi)$。

ϕ和ψ是逻辑矛盾的当且仅当对任意V，$V'(\phi) \neq V'(\psi)$。

ϕ和ψ是一致的当且仅当存在V，使得$V'(\phi) = V'(\psi) = 1$。

Δ是语义一致集当且仅当对任意$\psi_1, \psi_2 \ldots \psi_n \in \Delta$，存在$V$，使得$V'(\psi_1) = V'(\psi_2) = \cdots = V'(\psi_n) = 1$。

有了形式语义定义，我们也可以判断一个推理是否有效，一如我们学习真值表时可以做到的那样。这里，我们给出语义后承这个概念。

定义8　公式ϕ是公式集Γ的语义后承，记作$\Gamma \models \phi$，当且仅当对任意公式$\psi_1, \psi_2 \ldots \psi_n \in \Gamma$和任意$V$，如果$V'(\psi_1) = V'(\psi_2) = \cdots = V'(\psi_n) = 1$，则$V'(\phi) = 1$。

回忆有效推理这个概念，我们会发现：

命题2：公式ϕ是公式集Γ的语义后承，当且仅当由Γ作为前提集和ϕ作为结论的这样的一个推理是有效的。

练习题

1. 判断下列是否是 $\mathcal{L}$ 的合法公式。

（1）$(\neg (q \wedge r) \neg \wedge p)$

（2）$((p \vee q) \rightarrow \neg (p \wedge q))$

（3）$((p \rightarrow (\neg q \wedge r)) \leftrightarrow \neg pr)$

（4）$((\neg p \vee (p \wedge r)) \rightarrow (p \leftrightarrow \neg\neg\neg r))$

2. 计算下列公式的真值，并判断它们是重言式、矛盾式还是可满足式？

（1）$((p \wedge q) \rightarrow p)$

（2）$\neg ((p \rightarrow (q \rightarrow r)) \rightarrow ((p \rightarrow q) \rightarrow (p \rightarrow r)))$

（3）$((p \rightarrow (\neg q \wedge r)) \leftrightarrow \neg p)$

（4）$((\neg p \vee (p \wedge r)) \rightarrow (p \leftrightarrow \neg\neg\neg r))$

3. 判断下列各组公式之间的关系。

（1）$(p \rightarrow p)$ 和 $(p \rightarrow \neg p)$

（2）$((p \wedge q) \rightarrow (q \vee p))$ 和 $((r \wedge s) \rightarrow (r \vee s))$

（3）$(((p \vee \neg p) \wedge (p \rightarrow r) \wedge (\neg p \rightarrow r)) \rightarrow r)$ 和 $((p \vee q) \rightarrow (q \wedge p))$

4. 判断下列公式集是否是一致集？

（1） $\{p, (p \to r), r\}$

（2） $\{p, \neg q \vee \neg p, p \to q\}$

（3） WFF

5. 判断下列情况下，是否有 $\Gamma \models \phi$？

（1） $\Gamma = \{(p \vee q), \neg p\}, \phi = q$

（2） $\Gamma \subseteq \text{WFF}, \phi \in \{\psi | \Delta \models \psi, \Gamma \subseteq \Delta\}$

（3） $\Gamma = \text{WFF}, \phi = (p \vee \neg p)$

第三章

真值树

在上一章中我们介绍了命题逻辑的语言和语义。在本书今后章节的学习中读者应该时刻注意区分我们是在语言上讨论问题还是在语义上讨论问题。从本章到第五章将介绍几个推理系统。推理系统是基于语言层面上的内容,与语义没有直接关联。推理系统是一个由公理、规则等建立起来的符号系统。莱布尼茨曾经有一段名言——两个哲学家之间的争论并不比两个会计师之间的争论更复杂,他们只需要掏出纸笔,然后对彼此说:让我们来算一算吧。读者不妨把推理系统想象成莱布尼茨话语中的运算系统,输入一些公式后得到一个(些)结果公式。在这里,没有语句或者公式的真假,有的只是从符号(公式)到符号(公式)的生成过程,而这种生成依据的是系统自带的公理或者推理规则。关于推理系统的严格的形式定义我们将在第五章给出。

第一节　真值树及其规则

　　本章介绍的真值树推理系统并不包含公理，而只有推理规则，是比较容易理解和使用的一个推理系统。现在我们来介绍该系统的规则。

$(\varphi \wedge \psi)$ | φ ψ	$\neg(\varphi \vee \psi)$ | $\neg\varphi$ $\neg\psi$	$\neg(\varphi \rightarrow \psi)$ | φ $\neg\psi$
$\neg(\varphi \wedge \psi)$ $\bigwedge$ $\neg\varphi \quad \neg\psi$	$(\varphi \vee \psi)$ $\bigwedge$ $\varphi \quad \psi$	$(\varphi \rightarrow \psi)$ $\bigwedge$ $\neg\varphi \quad \psi$
$(\varphi \leftrightarrow \psi)$ $\bigwedge$ $\varphi \quad \neg\varphi$ $\psi \quad \neg\psi$	$\neg(\varphi \leftrightarrow \psi)$ $\bigwedge$ $\varphi \quad \neg\varphi$ $\neg\psi \quad \psi$	$\neg\neg\varphi$ | φ

下面我们按步骤示范如何对$(p \to q)$和p这两个公式画真值树。首先，把这两个公式写成两行。这个位置我们称作真值树的根部

$$(p \to q)$$
$$p$$

真值树是向下生长的，每一次生长就是对真值树已有公式一次使用规则的结果，在使用了规则后，我们在该公式后面标记$\sqrt{}$。凡是标记了$\sqrt{}$的公式将不再使用规则。

$$(p \to q) \ \sqrt{}$$
$$p$$
$$\neg p \quad q$$

当所有可以使用规则的公式都被标记$\sqrt{}$后，该树停止生长，进入了判定阶段。沿着每个树杈往上找，在其路径上如果存在公式ϕ和$\neg\phi$，则在该树杈的下方标记×，表明该树杈是封闭的。否则，在其下方标记↑，表明该树杈是开合的。如果一个树的每一个树杈都是封闭的，则该树是封闭的。否则，树是开合的。封闭的树表明根部的公式不可能是一致的（同时为真）。开合的树表明根部的公式是一致的，满足它们同时为真的赋值可以沿着某一个开合的树杈找到。如下图，

右边的树杈是开合的，沿着该树杈判定每个字母的赋值：否定的字母表明该字母的赋值是 0，否则，该字母的赋值是 1。所以，让该树根部公式一致的赋值是 $p = q = 1$。

$$(p \rightarrow q) \ \checkmark$$
$$p$$
$$\overset{\wedge}{}$$
$$\neg p \quad q$$
$$\times \quad \uparrow$$

我们接着来画公式$(\phi_1 \wedge \phi_2)$、$\neg(\phi_3 \vee \phi_4)$、$((\neg \phi_2 \vee \phi_3) \vee \phi_5)$，$\neg \phi_5$的真值树。注意，本书中$\phi$有两种写法。

$$(\varphi_1 \wedge \varphi_2) \checkmark$$
$$\neg(\varphi_3 \vee \varphi_4) \checkmark$$
$$((\neg\varphi_2 \vee \varphi_3) \vee \varphi_5) \checkmark$$
$$\neg\varphi_5$$
$$|$$
$$\varphi_1$$
$$\varphi_2$$
$$|$$
$$\neg\varphi_3$$
$$\neg\varphi_4$$
$$\overset{\wedge}{}$$
$$(\neg\varphi_2 \vee \varphi_3) \checkmark \quad \varphi_5$$
$$\times$$
$$\overset{\wedge}{}$$
$$\neg\varphi_2 \quad \varphi_3$$
$$\times \quad \times$$

可以看出，这是一颗封闭的树，所以，根部的公式不可能同时为真。对三个根部公式使用规则的顺序不同，会产生不同的树，虽然结果是一样的，但树的复杂程度可能会不同。比如这棵树还有下面的生长方式

$$(\varphi_1 \wedge \varphi_2) \checkmark$$
$$\neg(\varphi_3 \vee \varphi_4) \checkmark$$
$$((\neg\varphi_2 \vee \varphi_3) \vee \varphi_5) \checkmark$$
$$\neg\varphi_5$$

$$(\neg\varphi_2 \vee \varphi_3)\checkmark \qquad \varphi_5$$
$$\times$$

$$\neg\varphi_2 \qquad \varphi_3$$
$$\varphi_1 \qquad \varphi_1$$
$$\varphi_2 \qquad \varphi_2$$
$$\times \qquad \neg\varphi_3$$
$$\neg\varphi_4$$
$$\times$$

显然，这棵树过于复杂，其原因在于过早使用了分叉的规则，导致在之后再对根部公式使用规则时，每个分叉都要"拷贝"使用规则后的结果。由此，我们得出一个技巧：能不分叉就不分叉，即使分叉，选择分叉后可以立刻关闭一个树杈的规则。请看下例：

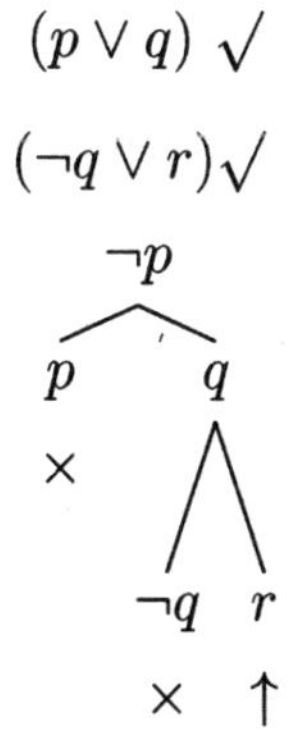

此例中，如果先对$(\neg q \vee r)$使用规则，则不会立刻关闭任何树杈，而产生一个较为复杂的树。

第二节 真值树的使用

我们在上一节中学习了如何画出给定的公式的真值树，并讨论了一些画真值树的技巧。在这一节，我们将介绍真值树的具体使用场景。

3.2.1 判定公式是否是矛盾式

在上一章中，我们给出了矛盾式的定义，简而言之，公式ϕ是矛盾式当且仅当ϕ永远是假的。那么，如何用真值树判断一个公式是否是矛盾式呢？我们知道一个真值树是封闭的，说明其根部公式是不一致的。如果根部只有一个公式呢？这恰好是表明这唯一的根部公式是不能为真的，而这也就判定了这个公式是矛盾式。所以，如果ϕ的真值树是封闭的，那么公式ϕ是矛盾式。

公式$\neg(p \to (q \to p))$是矛盾式：

$$\neg(p \to (q \to p)) \checkmark$$
$$|$$
$$p$$
$$\neg(q \to p) \checkmark$$
$$|$$
$$q$$
$$\neg p$$
$$\times$$

公式 $(((p \wedge q) \leftrightarrow q) \to (p \to q))$ 不是矛盾式:

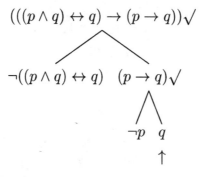

3.2.2 判定公式是否是重言式

是否可以直接画真值树来判定 ϕ 是否是重言式呢?答案是否定的。一个开放的树只能说明 ϕ 可以为真（可满足式），并不能说明它是重言式。正确的做法是采用反证法，即:画

¬φ的真值树。如果该树是封闭的，说明¬φ是矛盾式，从而得出φ是重言式；如果该树是开放的，则φ不是重言式。

公式 $(((p \to (q \to r)) \wedge (p \to q)) \to (p \to r))$ 是重言式，因为：

$$\neg(((p \to (q \to r)) \wedge (p \to q)) \to (p \to r)) \checkmark$$

$$((p \to (q \to r)) \wedge (p \to q)) \checkmark$$
$$\neg(p \to r) \checkmark$$

$$(p \to (q \to r)) \checkmark$$
$$(p \to q) \checkmark$$

$$p$$
$$\neg r$$

```
                    p
                   ¬r
                  /    \
               ¬p       q
                ×      /  \
                     ¬p    (q → r)√
                      ×    /    \
                         ¬q      r
                          ×      ×
```

公式 $(((p \vee q) \wedge p) \to \neg q)$ 不是重言式，因为：

$$\neg(((p \vee q) \wedge p) \to \neg q) \checkmark$$
$$|$$
$$((p \vee q) \wedge p) \checkmark$$
$$\neg \neg q \checkmark$$
$$|$$
$$p$$
$$(p \vee q) \checkmark$$

$$
\begin{array}{cc}
p & q \\
| & | \\
q & q \\
\uparrow &
\end{array}
$$

3.2.3 判断公式是否是可满足式

对于公式ϕ，如果ϕ的真值树和$\neg\phi$的真值树都不是封闭的，则ϕ是可满足的。

例如，公式$((p \to q) \wedge q) \to p)$是可满足式，因为

$$((p \to q) \wedge q) \to p) \checkmark$$

$$\neg((p \to q)) \checkmark \qquad p$$
$$\uparrow$$

$$\neg(p \to q) \checkmark \qquad \neg q$$

$$|$$
$$p$$
$$\neg q$$

并且

$$\neg((p \to q) \land q) \to p)\checkmark$$
$$|$$
$$((p \to q) \land q)\checkmark$$
$$\neg p$$
$$|$$
$$(p \to q)\checkmark$$
$$q$$
$$\diagup\diagdown$$
$$\neg p \quad q$$
$$\uparrow$$

3.2.4 判定公式是否一致

正如我们在第一节给出的例子所展示的那样，真值树可以判定公式是否一致。只要将$\phi_1, \phi_2, \ldots \phi_n$放在真值树的根部，画出其真值树，如果该树是封闭的，则$\phi_1, \phi_2, \ldots \phi_n$是不一致的，否则，沿着某一个开放枝写出让这些公式一致的赋值情况。

举例，用真值树判断$(p \to (p \land q)), (\neg p \to (\neg p \land \neg q)),$ $\neg(p \leftrightarrow q)$是否一致。

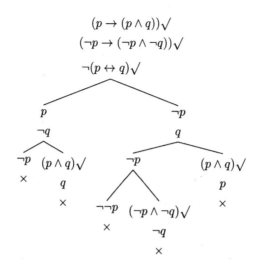

因为这是一个封闭的树，所以公式

$(p \rightarrow (p \wedge q)), (\neg p \rightarrow (\neg p \wedge \neg q)), \neg(p \leftrightarrow q)$ 是不一致的。

再举例，用真值树判断

$(p \rightarrow (p \wedge q)), (\neg p \rightarrow (\neg p \wedge \neg q)), (p \vee q)$ 是否一致。

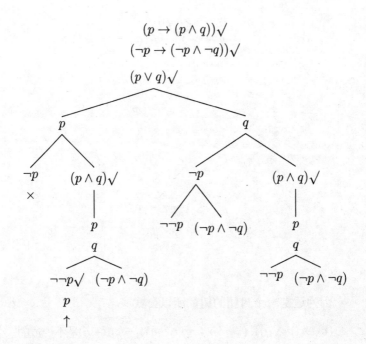

所以，$(p \to (p \land q)), (\neg p \to (\neg p \land \neg q)), (p \lor q)$ 在赋值
是 $p = q = 1$ 时是一致的。

3.2.5 判定公式是否等值

真值树可以判定公式 ϕ 和 ψ 是否等值。具体做法是：判断公式 $(\phi \leftrightarrow \psi)$ 是否是重言式。如果是，则 ϕ 和 ψ 等值，否则，不等值。

例如，$(p \to q)$ 和 $(\neg q \to \neg p)$ 是等值的，因为：

$$\neg((p \to q) \leftrightarrow (\neg q \to \neg p)) \checkmark$$

$(p \to q)\checkmark$ $\neg(p \to q)\checkmark$

$\neg(\neg q \to \neg p)\checkmark$ $(\neg q \to \neg p)\checkmark$

$\neg q$ p

$\neg\neg p$ $\neg q$

$\neg p$ q $\neg\neg q$ $\neg p$

$\times$ $\times$ $\times$ $\times$

3.2.6 判定公式是否互相矛盾

真值树可以判定公式 ϕ 和 ψ 是否互相矛盾。具体做法是：判断公式 $(\phi \leftrightarrow \psi)$ 是否是矛盾式。如果是，则 ϕ 和 ψ 互相矛盾，否则，不互相矛盾。

例如，$(p \vee q)$ 和 $(\neg p \wedge \neg q)$ 是互相矛盾的，因为：

$$((p \vee q) \leftrightarrow (\neg p \wedge \neg q)) \checkmark$$

$$(p \vee q) \checkmark \qquad \neg (p \vee q) \checkmark$$

$$(\neg p \wedge \neg q) \checkmark \qquad \neg (\neg p \wedge \neg q) \checkmark$$

$$\neg p \qquad\qquad\qquad \neg p$$

$$\neg q \qquad\qquad\qquad \neg q$$

$$p \quad q \qquad\qquad \neg\neg p \quad \neg\neg q$$

$$\times \quad \times \qquad\qquad \times \qquad \times$$

3.2.7 判定论证是否有效

回忆一下论证有效性的定义。对于一个以$\phi_1, \phi_2, \ldots \phi_n$为前提且以$\psi$为结论的论证而言，这个论证是有效的，如果当$\phi_1, \phi_2, \ldots \phi_n$同时为真时，$\psi$也是真的。换句话说，不存在让$\phi_1, \phi_2, \ldots \phi_n$同时为真，但$\psi$同时为假的情况。再换句话说，就是不存在$\phi_1, \phi_2, \ldots \phi_n$并且$\neg\psi$同时为真的情况。而这等于在说：$\phi_1, \phi_2, \ldots \phi_n$和$\neg\psi$是不一致的。所以，以$\phi_1, \phi_2, \ldots \phi_n$为前提且以$\psi$为结论的论证是有效的，当且仅当，$\phi_1, \phi_2, \ldots \phi_n$和$\neg\psi$是不一致的。因此，我们可以使用

真值树来判断 $\phi_1, \phi_2, \ldots \phi_n$ 和 $\neg\psi$ 是否一致来断定这个论证是否有效。

例如，论证 $((q \vee p) \wedge \neg r), (r \vee \neg p) \therefore (\neg r \wedge p)$ 是无效的，因为：

$$((q \vee p) \wedge \neg r) \surd$$
$$(r \vee \neg p) \surd$$
$$\neg(\neg r \wedge p) \surd$$
$$|$$
$$(q \vee p) \surd$$
$$\neg r$$

$$r \qquad \neg p$$
$$\times$$

$$\neg\neg r \qquad \neg p$$
$$\times$$

$$q \qquad p$$
$$\uparrow \quad \times$$

所以，$p = r = 0$ 且 $q = 1$ 是让这个论证无效的反例。

论证 $(p \rightarrow r), (q \rightarrow r) \therefore ((p \vee q) \rightarrow r)$ 是有效的，因为：

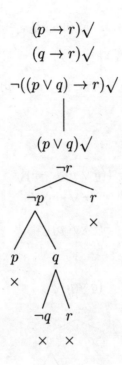

 练习题

1.用真值树判断下列公式是重言式、矛盾式还是可满足式。

（1）$(\neg p \to p)$

（2）$(((p \to q) \to p) \wedge \neg q)$

（3）$(((p \to q) \to p) \to p)$

（4）$((p \lor \neg p) \to q)$

（5）$((\neg \phi \to \neg \psi) \land \neg ((\neg \phi \to \psi) \to \phi))$

（6）$((\phi \leftrightarrow \psi) \to (\neg \phi \land \neg \psi))$

2. 用真值树判断下列公式是一致的、等值的还是互相矛盾的？

（1）$(p \to q), (p \land r), (\neg r \lor \neg q)$

（2）$(p \to q), (\neg p \lor q)$

（3）$(p \land q), (\neg p \land \neg q)$

（4）$(p \leftrightarrow q), (\neg (p \land q) \leftrightarrow (\neg p \land \neg q))$

（5）$(\phi \lor (\psi \land \theta)), ((\phi \lor \psi) \land (\phi \lor \theta))$

3. 用真值树判断下列论证是否是有效的？如果不是有效的，请找出反例。

（1）$(p \to r), (q \to r) \therefore (p \to (q \to r))$

（2）$(p \land q), (\neg r \to \neg q) \therefore (p \land r)$

（3）$(p \to q), (\neg p \lor \neg q) \therefore \neg (q \to p)$

（4）$(\phi_1 \leftrightarrow \phi_2)$, $(\neg \phi_2 \to (\phi_3 \lor \phi_4))$, $(\phi_5 \to \neg \phi_3)$, $((\neg \phi_4 \land \phi_6) \lor \phi_7)$, $(\neg \phi_1 \land \phi_5) \therefore (\phi_7 \lor \phi_8)$

4.下面是联结词|的真值表，请据此定义出$(\phi|\psi)$和$\neg(\phi|\psi)$的真值树规则。

φ	ψ	$(\varphi|\psi)$
1	1	0
1	0	1
0	1	1
0	0	1

第四章

自然演绎推理系统

　　自然演绎推理系统是目前广泛使用的一种命题演算系统，它的优点是形象、直观。自然演绎推理系统由一些规则构成。这些规则可以分为四类：一类是通用规则；一类是条件证明规则；一类是分情况证明规则；一类是反证法规则。每一类规则都可以交叉使用，并没有使用界限，我们这么划分是为了方便教学，也是对应了数学证明中常用的方法。我们将依次介绍这些规则。首先我们介绍的是通用规则。

第一节 通用规则

合取引入规则	合取消去规则
$i \quad \varphi$	$i \quad (\varphi \wedge \psi)$
	$\Rightarrow \qquad \varphi \qquad i, \wedge_-$
$j \quad \psi$	$\cdots \quad \cdots \quad \cdots \quad \cdots$
	$i \quad (\varphi \wedge \psi)$
$\Rightarrow \quad (\varphi \wedge \psi) \quad i,j,\wedge_+$	$\Rightarrow \qquad \psi \qquad i, \wedge_-$
蕴涵消去规则	析取引入规则
$i \quad (\varphi \to \psi)$	$i \quad \varphi$
	$\Rightarrow \quad (\varphi \vee \psi) \quad i, \vee_+$
$j \quad \varphi$	$\cdots \quad \cdots \quad \cdots \quad \cdots$
	$i \quad \psi$
$\Rightarrow \qquad \psi \qquad i,j,\to_-$	$\Rightarrow \quad (\varphi \vee \psi) \quad i, \vee_+$
等值消去规则	等值消去规则
$i \quad (\varphi \leftrightarrow \psi)$	$i \quad (\varphi \leftrightarrow \psi)$
$j \quad \varphi$	$j \quad \psi$
$\Rightarrow \qquad \psi \qquad i,j,\leftrightarrow_-$	$\Rightarrow \qquad \varphi \qquad i,j,\leftrightarrow_-$

我们以合取引入规则作为例子来讲解一下这些规则。在合取引入规则中，有三行公式序列，其中左列的 i, j 都是自然数，表示的是该行公式序列在整个证明中的序号，左列的 $\Rightarrow$ 表示 i, j 两行公式序列经由合取引入规则推出的新的公式序列，$\Rightarrow$ 是元语言符号，旨在说明使用相应规则得到的结果，$\Rightarrow$ 不会出现在自然演绎推理的证明序列里。右列是注释部分，说明这个公式序列是由 i, j 两行公式经由 $\wedge_+$ 得到，而 $\wedge_+$ 就是合取引入规则的符号表示。

读者可能注意到了合取消去规则和析取引入规则中有 $\cdots$ 符号，这是分隔符，因为这两个规则得到的结果有两种，我们用分隔符分别表示两种结果，需要注意的是，虽然使用同一种规则可以得到两种不同的结果，但它们的注释都是一样的。

下面我们来看第一个自然演绎推理的例子。

例 1：

证明： $p, (p \rightarrow q) \therefore ((p \wedge q) \wedge (q \wedge p))$

1.	p	**Prem**
2.	$(p \to q)$	**Prem**
6.	q	$1,2,\to_-$
5.	$(q \wedge p)$	$1,6,\wedge_+$
4.	$(p \wedge q)$	$1,6,\wedge_+$
3.	$((p \wedge q) \wedge (q \wedge p))$	$4,5,\wedge_+$

　　首先，我们把该论证的前提写在证明序列的最上方，每个前提写成一个公式序列，序号从 1 开始标记。然后，我们把论证的结论，也就是待证公式写在证明序列的最下方，并紧接着前提标记序号。在本例中，1 和 2 号公式序列是前提，注释部分用 Prem（Premise 的前四个字母）来表示。3 号公式序列是待证公式。然后，我们采用倒推策略开始证明。所谓倒推策略，指的是以"要得到目标公式（待证公式），我们需要什么"的思路来构造证明的策略。根据倒推策略，本例中要想得到 3 号公式序列，可以使用合取引入规则，因为 3 号公式序列是一个合取公式。所以，只要有 4 和 5 号公式序列，就可以使用合取引入规则得到 3 号公式序列，而 3[①] 的注释部分也正好表达了这个意思。接

---

　　① 为了叙述简便，以下我们用数字表示该数字的公式序列

下来，我们就不用考虑 3 了，因为只要证明了 4 和 5，就可以得到 3。再次根据合取引入规则，只要得到 p 和 q，就可以得到 4 和 5。我们把 q 写成 6，p 却不必写成 7，因为我们有 1。然后我们给 4 和 5 写上相应的注释。现在我们的问题已经转化成如何得到 6，而不用再去考虑 4 和 5。6 里只有字母 q，这种过于简单的公式形式很难给我们以倒推的提示。到了这个时候，我们采用正推策略，即对前提、假设或者已得公式序列使用规则得出新的公式序列，从而帮助我们得到当下的待证公式。在本例中，1 和 2 可以使用蕴涵消去规则，正好就得到 6。所以，我们就有了 6 的注释部分。至此，每个公式序列都有了注释，这说明每个公式序列都有了来源依据，即证明完成。

我们稍做一下总结。自然演绎的推理是一个证明序列，由公式序列组成，其中，放在最上方的是给出的前提，放在最下方的是待证结论。我们首先给前提标注注释，然后采用倒推策略，从结论出发，思考如何构造证明。以当下的待证公式为目标，我们写出新的公式序列使得借助这些公式序列和某个证明规则可以得到这个待证公式，并给这个待证公式写下注释。然后我们的注意力就转移到了这些新的公式序列上，因为它们成了当下的待证公式。重复这样的倒推策略，直到我们的待证公式无法给我们倒推的提示。然后，我们采用正推策略，对前提、假设和已得公式使用规则得出新的公式序列，直到得到的公式序列正好就是那个无法给我们倒推提示的待证公式，完成其注释，从而使得每一个公式序列都有注释，即证明完成。这里需要强调的是，我们的序号的编号方式旨在表达我们的证明思路，很多时候，对于同一个自然演绎推理，可以有不同的证明思路，因而会有不同的公式序列和编号。

很多读者可能看过其他的逻辑学教材。一般通用的表述自然演绎的方式都是采用正推策略，并且证明序列的序号都是从上到下由 1 开始直到证明结束。比如，按照常规的写法，本例应写为：

1. p **Prem**
2. $(p \rightarrow q)$ **Prem**
3. q $1,2,\rightarrow_-$
4. $(q \wedge p)$ $1,3,\wedge_+$
5. $(p \wedge q)$ $1,3,\wedge_+$
6. $((p \wedge q) \wedge (q \wedge p))$ $4,5,\wedge_+$

这种写法的好处是方便读者阅读证明，但缺点是掩盖了证明的思路。当读者阅读这种写法的证明时，感觉一路顺畅，并觉得证明得很有道理，却很难了解到为什么要这么证明，从而错失了培养证明能力的机会。尤其在一些复杂证明[1]中，我们很难直接从前提中看到证明的思路，只能摸着石头过河，这个时候，我们所采用的倒推策略和展示证明思路的序号表达法[2]会显现出优势。比如下面这个例子。

例2： 证明$(\phi_4 \to \phi_6), ((\neg\phi_3 \vee \phi_4) \leftrightarrow \neg\phi_5), (\neg\phi_3 \wedge \phi_1),$ $((\neg\phi_5 \wedge \phi_2) \to \phi_4), (\phi_1 \wedge \phi_2) \therefore \phi_6$

1.	$(\varphi_4 \to \varphi_6)$	**Prem**
2.	$((\neg\varphi_3 \vee \varphi_4) \leftrightarrow \neg\varphi_5)$	**Prem**
3.	$(\neg\varphi_3 \wedge \varphi_1)$	**Prem**
4.	$((\neg\varphi_5 \wedge \varphi_2) \to \varphi_4)$	**Prem**
5.	$(\varphi_1 \wedge \varphi_2)$	**Prem**
12.	$\neg\varphi_3$	$3, \wedge_-$
11.	$(\neg\varphi_3 \vee \varphi_4)$	$12, \vee_+$
10.	$\neg\varphi_5$	$2, 11, \to_-$
9.	φ_2	$5, \wedge_-$
8.	$(\neg\varphi_5 \wedge \varphi_2)$	$9, 10, \wedge_+$
7.	φ_4	$4, 8, \to_-$
6.	φ_6	$1, 7, \to_-$

---

[1]　实际上，现代逻辑的很多证明都是采用倒推的方式思考出来的，然而证明的书写却是以正推的方式。

[2]　这种符号表达法据我所知是由我的博士生导师，新西兰奥克兰大学 (University of Auckland) 的 Jeremy Seligman 最早提出的。他目前也是清华大学的金岳霖讲席教授之一，与国内逻辑学界有深厚的合作关系。

因为前提太多，且都是 ϕ 的下标公式，从前提出发的正推策略并不容易看出如何证出结论。但用倒推策略，如上图，则每一步都非常清晰，且思路明确。

然而，凡事没有绝对，证明尤其如此，需要灵活的思考。在下例中，我们使用的是正推策略。

例 3：

证明： $(p \to (q \to r)), (p \wedge q) \therefore r$

1.	$(p \to (q \to r))$	**Prem**
2.	$(p \wedge q)$	**Prem**
4.	p	$2, \wedge_-$
5.	$(q \to r)$	$1, 4, \to_-$
6.	q	$2, \wedge_-$
3.	r	$5, 6, \to_-$

之所以采用正推策略，是因为待证公式 r 无法给我们很好的证明提示。这个时候，倒推策略就难以奏效。在这种情况下，我们应该采用正推策略，对前提和已证公式尽可能地使用规则，每使用一次规则，都查验是否可以使用倒推策略。用一句话总结就是：先采用倒推策略，后采用正推策略。

例 4:

证明: $(p \to (p \to q)), ((q \to (q \to p)) \land p) \therefore (q \to p)$

1.	$(p \to (p \to q))$	**Prem**
2.	$((q \to (q \to p)) \land p)$	**Prem**
4.	$(q \to (q \to p))$	$2, \land_-$
6.	p	$2, \land_-$
7.	$(p \to q)$	$1, 6, \to_-$
5.	q	$6, 7, \to_-$
3.	$(q \to p)$	$4, 5, \to_-$

在例 4 中，我们在 3 看不到线索，所以用正推策略对 2 使用合取消去规则得到 4。经过 4 的提示，采用倒推策略，我们知道要想得到 3，只要得到 5。因为我们暂时无法对 5 使用倒推策略，我们继续对 2 使用合取消去规则得到 6。然后就对 1 和 6 使用蕴涵消去规则，得到 7，从而得到 5，完成证明。

对于一些较为简单的证明，正推策略和倒推策略都可以解决问题，此时全凭证明人的证明习惯。下面这个证明，上面为倒推策略，下面为正推策略。

例5：

证明： $((p \wedge q) \leftrightarrow r), ((s \to p) \wedge (p \to q)), s \therefore r$

1.	$((p \wedge q) \leftrightarrow r)$	**Prem**
2.	$((s \to p) \wedge (p \to q))$	**Prem**
3.	s	**Prem**
8.	$(s \to p)$	$2, \wedge_-$
9.	$(p \to q)$	$2, \wedge_-$
7.	q	$6, 9, \to_-$
6.	p	$3, 8, \to_-$
5.	$(p \wedge q)$	$6, 7, \wedge_+$
4.	r	$1, 5, \to_-$

1.	$((p \wedge q) \leftrightarrow r)$	**Prem**
2.	$((s \to p) \wedge (p \to q))$	**Prem**
3.	s	**Prem**
5.	$(s \to p)$	$2, \wedge_-$
6.	$(p \to q)$	$2, \wedge_-$
7.	p	$3, 5, \to_-$
8.	q	$6, 7, \to_-$
9.	$(p \wedge q)$	$7, 8, \wedge_+$
4.	r	$1, 5, \to_-$

例 6：

证明： $((r \to q) \wedge q), ((q \to p) \therefore (p \vee (q \wedge r))$

1.	$((r \to q) \wedge q)$	**Prem**
2.	$((q \to p)$	**Prem**
4.	$(r \to q))$	$1, \wedge_-$
5.	q	$1, \wedge_-$
6.	p	$2, 5, \to_-$
3.	$(p \vee (q \wedge r))$	$6, \wedge_+$

例 6 中，待证公式是一个析取式$(p \vee (q \wedge r))$，这意味着有三种可能的证明方法：证p、证$(q \wedge r)$和证$(p \vee (q \wedge r))$。在情况并不明朗的情况下，我们选择正推策略，对前提使用规则后，得证结论。

例 7：证明： $(((p \wedge q) \vee r) \to t), (s \to ((p \wedge r) \vee q)),$
$(t \wedge s) \therefore (((p \wedge q) \vee r) \vee ((p \wedge r) \vee q))$

1.	$(((p \wedge q) \vee r) \to t)$	**Prem**
2.	$(s \to ((p \wedge r) \vee q))$	**Prem**
3.	$(t \wedge s)$	**Prem**
6.	s	$3, \wedge_-$
5.	$((p \wedge r) \vee q))$	$2, 6, \to_-$
4.	$(((p \wedge q) \vee r) \vee ((p \wedge r) \vee q))$	$5, \vee_+$

观察例 7 的前提和待证结论，发现待证结论的右半析取枝正好是前提 2 的后件，这意味着只要得出前提 2 的前件，结论就可以得证，据此我们有了倒推策略。

在通用规则表里，析取引入规则是比较特殊的一个规则，因为只要得证一个公式 ϕ，对任何 ψ，就可以有 $(\phi \vee \psi)$。这意味着析取引入规则很多时候可以实现构造功能，比如，构造一个前提的前件或者已证公式的前件，从而得出该公式的后件，推进已有的证明。比如下面的例 8 和例 9。

例 8：

证明：$p, ((p \vee q) \to r) \therefore r$

1.	p	**Prem**
2.	$((p \vee q) \to r)$	**Prem**
4.	$(p \vee q)$	$1, \vee_+$
3.	r	$2, 4, \to_-$

例 9：

证明：$(r \leftrightarrow (p \vee (q \wedge ((s \vee t) \wedge t)))), (((r \to p) \vee s) \to p)$ $(r \to p) \therefore (r \vee s)$

1.	$(r \leftrightarrow (p \vee (q \wedge ((s \vee t) \wedge t))))$	**Prem**
2.	$(((r \rightarrow p) \vee s) \rightarrow p)$	**Prem**
3.	$(r \rightarrow p)$	**Prem**
5.	$((r \rightarrow p) \vee s)$	$3, \vee_+$
6.	p	$2, 5, \rightarrow_-$
7.	$(p \vee (q \wedge ((s \vee t) \wedge t)))$	$6, \vee_+$
8.	r	$1, 7, \leftrightarrow_-$
4.	$(r \vee s)$	$8, \vee_+$

在例 9 中，3 到 5，6 到 7 都使用了析取引入规则，目的是为了构造合适的公式，从而得到 6 和 8。

下面是本节最后一个例子，综合运用了各种通用规则。

例 10：

$((r \rightarrow s) \leftrightarrow (q \vee p)), ((r \rightarrow s) \rightarrow q), p \therefore (s \vee ((r \rightarrow s) \wedge q))$

1.	$((r \rightarrow s) \leftrightarrow (q \vee p))$	**Prem**
2.	$((r \rightarrow s) \rightarrow q)$	**Prem**
3.	$(p \wedge r)$	**Prem**
5.	p	$3, \wedge_-$
6.	$(q \vee p)$	$4, \vee_+$
7.	$(r \rightarrow s)$	$1, 6, \leftrightarrow_-$
8.	q	$2, 7, \rightarrow_-$
9.	$((r \rightarrow s) \wedge q)$	$7, 8, \wedge_+$
4.	$(s \vee ((r \rightarrow s) \wedge q))$	$9, \vee_+$

第二节　条件证明的规则

蕴涵引入规则:

$$
\begin{array}{lll}
i. & \varphi & \textbf{Ass} \\
 & \cdot & \\
 & \cdot & \\
 & \cdot & \\
j. & \psi & \\
\hline
\Rightarrow & (\varphi \to \psi) & i-j, \to_{+}
\end{array}
$$

等值引入规则:

$$
\begin{array}{lll}
i. & \varphi & \textbf{Ass} \\
 & \cdot & \\
 & \cdot & \\
 & \cdot & \\
j. & \psi & \\
\hline
\end{array}
$$

$$
\begin{array}{lll}
i. & \psi & \textbf{Ass} \\
 & \cdot & \\
 & \cdot & \\
 & \cdot & \\
j. & \varphi & \\
\hline
\Rightarrow & (\varphi \leftrightarrow \psi) & i-j, \leftrightarrow_{+}
\end{array}
$$

　　条件证明一般用于证明蕴含式和等值式，包括蕴涵引入规则和等值引入规则。与通用规则不同，这两个规则都带有半框。半框里的第一个公式 ϕ 是待证公式的前件，并在其后注明是假设（Ass），在 ϕ 后那些半框内的公式或者是由这个半框外部上方的得证公式通过规则得到，或者是基于 ϕ 这个假设而得出的公式，半框内的最后一个公式序列里的公式是 ψ。整个半框的意义在于证明了基于 ϕ 这个假设，可以得证 ψ，而这正是 $(\phi \to \psi)$ 表达的意思，所以，$(\phi \to \psi)$ 通过蕴涵引入规则得证。需要特别说明的是，$(\phi \to \psi)$ 并不在半框内，说明它并不依赖于 ϕ 这个假设，它说明的是整个半框在"现实"中是成立的，与 ϕ 究竟是真还是假没有关系。

　　等值引入规则两次使用了蕴涵引入规则，先假设待证等值式的左边推出该等值式的右边，再假设待证等值式的右边推出该等值式的左边。同样，$(\phi \leftrightarrow \psi)$ 不依赖于任何假设，是真实成立的。

　　今后在待证公式是蕴含式和等值式时，将优先考虑这两个规则。

例 11： $(p \rightarrow q), (q \rightarrow r) \therefore (p \rightarrow r)$

1.	$(p \rightarrow q)$	**Prem**
2.	$(q \rightarrow r)$	**Prem**
4.	p	**Ass**
6.	q	$1\text{-}4, \rightarrow_-$
5.	r	$2\text{-}5, \rightarrow_-$
3.	$(p \rightarrow r)$	$4\text{-}5, \rightarrow_+$

例 11 中，待证公式 3 是个蕴涵式，需要假设前件，证明后件，采用蕴涵引入规则。

例 12： $(p \rightarrow (q \rightarrow r)) \therefore (q \rightarrow (p \rightarrow r))$

1.	$(p \rightarrow (q \rightarrow r))$	**Prem**
3.	q	**Ass**
5.	p	**Ass**
7.	$(q \rightarrow r)$	$1\text{-}5, \rightarrow_-$
6.	r	$3\text{-}7, \rightarrow_-$
4.	$(p \rightarrow r)$	$5\text{-}6, \rightarrow_+$
2.	$(q \rightarrow (p \rightarrow r))$	$3\text{-}4, \rightarrow_+$

例 12 中，待证公式 2 是个蕴涵式，但其子公式也是个蕴涵式，所以，为了证明 4，需要再假设 5，并再使用一次蕴涵引入规则。

例 1 至例 12 都是带有前提的推理。有些推理的结论是不需要前提就可以得出的。我们通常把这种不需要前提就可以从系统里得出的结论称为该系统的定理。

例 13： $\therefore ((\phi \to (\phi \to \psi)) \to (\phi \to \psi))$

2.	$(\varphi \to (\varphi \to \psi))$	**Ass**
4.	$(\varphi \to \psi)$	**Ass**
6.	$(\varphi \to \psi)$	2-4,$\to_-$
5.	ψ	4-6,$\to_-$
3.	$(\varphi \to \psi)$	4-5,$\to_+$
1.	$((\varphi \to (\varphi \to \psi)) \to (\varphi \to \psi))$	2-3,$\to_+$

例 13 中并没有前提，因为待证结论是蕴含式，我们直接假设其前提，采用蕴涵引入规则，重复一次后，序列 6 得证，从而完成证明。

例 14： $(((p \rightarrow (q \rightarrow s)) \land (r \rightarrow p)) \land q) \therefore (r \rightarrow s)$

1.	$(((p \rightarrow (q \rightarrow s)) \land (r \rightarrow q)) \land q)$	**Prem**
3.	r	**Ass**
5.	$(p \rightarrow (q \rightarrow s)) \land (r \rightarrow q))$	$1, \land_-$
6.	q	$1, \land_-$
7.	$(p \rightarrow (q \rightarrow s))$	$5, \land_-$
8.	$(r \rightarrow p)$	$5, \land_-$
9.	p	$3, 8, \rightarrow_-$
10.	$(q \rightarrow s)$	$7, 9, \rightarrow_-$
4.	s	$6\text{-}10, \rightarrow_-$
2.	$(r \rightarrow s)$	$3\text{-}4, \rightarrow_+$

例 14 首先采用倒推策略，因为待证结论是蕴含式，我们采用蕴含引入规则，假设序列 3，正推 4，从而证明 2。因为 4 是一个字母，我们无法得到证明的线索，所以，采用正推策略，通过一步步拆解前提和灵活使用蕴涵消去规则，最终得证。

例 15：

$\therefore ((\phi_1 \rightarrow \phi_2) \rightarrow ((\phi_3 \rightarrow \phi_4) \rightarrow ((\phi_1 \wedge \phi_3) \rightarrow (\phi_2 \wedge \phi_4))))$

2.	$(\varphi_1 \rightarrow \varphi_2)$		**Ass**
4.	$(\varphi_3 \rightarrow \varphi_4)$		**Ass**
6.	$(\varphi_1 \wedge \varphi_3)$		**Ass**
10.	φ_1		$6, \wedge_-$
11.	φ_3		$6, \wedge_-$
9.	φ_4		$4, 11, \rightarrow_-$
8.	φ_2		$2, 10, \rightarrow_-$
7.	$(\varphi_2 \wedge \varphi_4)$		$8, 9, \wedge_+$
5.	$((\varphi_1 \wedge \varphi_3) \rightarrow (\varphi_2 \wedge \varphi_4)))$		$6\text{-}7, \rightarrow_+$
3.	$((\varphi_3 \rightarrow \varphi_4) \rightarrow ((\varphi_1 \wedge \varphi_3) \rightarrow (\varphi_2 \wedge \varphi_4)))$		$4\text{-}5, \rightarrow_+$
1.	$((\varphi_1 \rightarrow \varphi_2) \rightarrow ((\varphi_3 \rightarrow \varphi_4) \rightarrow ((\varphi_1 \wedge \varphi_3) \rightarrow (\varphi_2 \wedge \varphi_4))))$		$2\text{-}3, \rightarrow_+$

　　此例中，通过对 1、3、5 的倒推，我们假设了 2、4、6。再由倒推和正推的结合使用，得证。我们可以看到倒推策略的好处，即每一步都思路清晰，目标明确。

例 16：$(p \to (q \land r)) \therefore ((p \to q) \land (p \to r))$

1.	$(p \to (q \land r))$	**Prem**
5.	p	**Ass**
9.	$(q \land r)$	$1,5,\to_-$
6.	r	$9,\land_-$
7.	p	**Ass**
10.	$(q \land r)$	$1,7,\to_-$
8.	q	$9,\land_-$
4.	$(p \to r)$	$5\text{-}6,\to_+$
3.	$(p \to q)$	$7\text{-}8,\to_+$
2.	$((p \to q) \land (p \to r))$	$3,4,\land_+$

例 16 中采用倒推策略，序列 3 和 4 都是蕴含式，各自需要借助蕴涵引入规则。需要强调的是，这两个半框是彼此独立的，并且 9 和 10 必须有，因为不可以在彼此独立的半框中使用另一半框的序列，因为它们基于不同的假设。

例 17：

$$(\phi_1 \rightarrow (\phi_2 \wedge \phi_3)), (\phi_2 \rightarrow ((\phi_4 \rightarrow (\phi_4 \vee \phi_5)) \rightarrow \phi_6)) \therefore (\phi_1 \rightarrow \phi_6)$$

1.	$(\varphi_1 \rightarrow (\varphi_2 \wedge \varphi_3))$	**Prem**
2.	$(\varphi_2 \rightarrow ((\varphi_4 \rightarrow (\varphi_4 \vee \varphi_5)) \rightarrow \varphi_6))$	**Prem**
4.	φ_1	**Ass**
6.	$(\varphi_2 \wedge \varphi_3)$	$1,4,\rightarrow_-$
7.	φ_2	$6,\wedge_-$
8.	$((\varphi_4 \rightarrow (\varphi_4 \vee \varphi_5)) \rightarrow \varphi_6)$	$2,7,\rightarrow_-$
10.	φ_4	**Ass**
11.	$(\varphi_4 \vee \varphi_5)$	$10,\vee_+$
9.	$(\varphi_4 \rightarrow (\varphi_4 \vee \varphi_5))$	$10\text{-}11,\rightarrow_+$
5.	φ_6	$5,8,\rightarrow_-$
3.	$(\varphi_1 \rightarrow \varphi_6)$	$4\text{-}5,\rightarrow_+$

　　该证明在进行到 5 时，因为没有具体的线索，改为正推策略。进行到 8 时，已无规则可用。这时，9 的选择至关重要。而因为 9 是蕴含式，因此有了 10 至 11 的蕴含引入规则。证毕。

　　从例 11 至 17，我们主要探讨了如何使用蕴含引入规则。在接下来的几个例子里，我们重点围绕等值引入规则。

例 18：∴ $((p \to (q \to r)) \leftrightarrow ((p \land q) \to r))$

2.	$(p \to (q \to r))$	**Ass**
6.	$(p \land q)$	**Ass**
8.	p	$6, \land_-$
9.	q	$6, \land_-$
10.	$(q \to r)$	$2, 8, \to_-$
7.	r	$9\text{-}10, \to_+$
3.	$((p \land q) \to r)$	$6\text{-}7, \to_+$
4.	$((p \land q) \to r)$	**Ass**
11.	p	**Ass**
13.	q	**Ass**
15.	$(p \land q)$	$11, 13, \land_+$
14.	r	$4\text{-}15, \to_-$
12.	$(q \to r)$	$13\text{-}14, \to_+$
5.	$(p \to (q \to r))$	$11\text{-}12, \to_+$
1.	$((p \to (q \to r)) \leftrightarrow ((p \land q) \to r))$	$2\text{-}3, 4\text{-}5, \leftrightarrow_+$

　　此例中，待证公式是个等值式，所以，需要用到等值引入规则。3 和 5 都是蕴含式，采用蕴涵引入规则，结合倒推和正推的策略，不难得证。

例 19：∴ $((p \leftrightarrow q) \rightarrow ((p \leftrightarrow r) \leftrightarrow (q \leftrightarrow r)))$

2.	$(p \leftrightarrow q)$	Ass
4.	$(p \leftrightarrow r)$	Ass
8.	q	Ass
12.	p	2,8,$\leftrightarrow_-$
9.	r	4,12,$\leftrightarrow_-$
10.	r	Ass
13.	p	4,10,$\leftrightarrow_-$
11.	q	2,13,$\leftrightarrow_-$
5.	$(q \leftrightarrow r)$	8-9,10-11,$\leftrightarrow_+$
6.	$(q \leftrightarrow r)$	Ass
14.	p	Ass
16.	q	2,14,$\leftrightarrow_-$
15.	r	6,16,$\leftrightarrow_-$
16.	r	Ass
18.	q	6,16,$\leftrightarrow_-$
17.	p	2,18,$\leftrightarrow_-$
7.	$(p \leftrightarrow r)$	14-15,16-17,$\leftrightarrow_+$
3.	$((p \leftrightarrow r) \leftrightarrow (q \leftrightarrow r))$	4-5,6-7,$\leftrightarrow_+$
1.	$((p \leftrightarrow q) \rightarrow ((p \leftrightarrow r) \leftrightarrow (q \leftrightarrow r)))$	2-3,$\rightarrow_+$

　　该例最值得注意的是 12、13 与 16、18 分属不同的半框，不可彼此替代。同时 8 作为第一个半框的假设不可以直接用在 11 的位置，类似的还有 15 和 16。

例 20：$((p \vee q) \to r), (r \to (p \wedge q)) \therefore (p \leftrightarrow q)$

1.	$((p \vee q) \to r)$	**Prem**
2.	$(r \to (p \wedge q))$	**Prem**
4.	p	**Ass**
8.	$(p \vee q)$	$4, \vee_+$
9.	r	$1, 8, \to_-$
10.	$(p \wedge q)$	$2, 9, \to_-$
5.	q	$10, \wedge_-$
6.	q	**Ass**
11.	$(p \vee q)$	$6, \vee_+$
12.	r	$1, 11, \to_-$
13.	$(p \wedge q)$	$2, 12, \to_-$
5.	p	$13, \wedge_-$
3.	$(p \leftrightarrow q)$	$4\text{-}5, 6\text{-}7, \leftrightarrow_+$

例 20 更加明显地展示了彼此独立的半框里的序列不可以共享的规定。8、9、10 与 11、12、13 完全一样，但因为它们基于不同假设，隶属于彼此独立的半框，所以，不能互相借用。

例 21：

$$((r \to (p \leftrightarrow (p \land q))) \to p) \therefore (((p \land r) \to q) \to (r \to q))$$

1.	$((r \to (p \leftrightarrow (p \land q))) \to p)$		**Prem**
3.	$((p \land r) \to q)$		**Ass**
5.	r		**Ass**
10.	r		**Ass**
12.	p		**Ass**
17.	$(p \land r)$		$10,12,\land_+$
16.	q		$3,17,\to_-$
13.	$(p \land q)$		$12,16,\land_+$
14.	$(p \land q)$		**Ass**
15.	p		$14,\land_-$
11.	$(p \leftrightarrow (p \land q))$		$12\text{-}13,14\text{-}15,\leftrightarrow_+$
9.	$(r \to (p \leftrightarrow (p \land q)))$		$10\text{-}11,\to_+$
8.	p		$1,9,\to_-$
7.	$(p \land r)$		$5,8,\land_+$
6.	q		$3,7,\to_-$
4.	$(r \to q)$		$5\text{-}6,\to_+$
2.	$(((p \land r) \to q) \to (r \to q))$		$3\text{-}4,\to_+$

　　该例作为我们条件证明这一节的最后一例，可讲的东西很多。首先，为了得到 6，观察 3 后，我们选择证 7。9 又是在观察到 1 后，为了证 8 而做的选择。9 是个蕴涵式，

所以，我们假设 10，证 11。这里 5 和 10 都是 r，且都是假设，但它们都不可以省略其中之一，因为这是我们的规则要求的，自然演绎推理的显著特点之一就是严格按照规则来证明，即使我们的直觉告诉我们有些步骤可以省略，有些步骤可以合并，都不可以这么做，从某种意义上说，我们只是一台证明的机器，我们的工作只是按部就班的执行规则，要排除任何的想当然的捷径。

第三节　分情况证明规则

析取消去规则：

$$i \quad (\varphi \vee \psi)$$

$$
\begin{array}{ll}
j. \quad \varphi & \textbf{Ass} \\
\quad \cdot & \\
\quad \cdot & \\
\quad \cdot & \\
k. \quad \theta & \\
\end{array}
$$

$$
\begin{array}{ll}
l. \quad \psi & \textbf{Ass} \\
\quad \cdot & \\
\quad \cdot & \\
\quad \cdot & \\
m. \quad \theta & \\
\end{array}
$$

$$\Rightarrow \quad \theta \qquad\qquad i, j-k, l-m, \vee_-$$

　　分情况证明是另一个重要的证明策略。我们在中学学习数学证明时，经常会用到分情况讨论，而这也就是我们现在要学的分情况证明。析取消去规则刻画了分情况证明的思路：i 序列表明我们有 ϕ 或者 ψ 两种情况：$j-k$ 表明假设 ϕ 可以得到 θ，$l-m$ 表明假设 ψ 也可以得到 θ。这两个实质上都是蕴涵引入规则的使用，因为 ϕ 或者 ψ 情况必居其一，所以有 θ，并且 θ 不依赖于任何假设。

例 22：$(p \vee q), ((p \rightarrow r) \wedge (q \rightarrow r)) \therefore r$

1.	$(p \vee q)$	**Prem**
2.	$((p \rightarrow r) \wedge (q \rightarrow r))$	**Prem**
4.	p	**Ass**
8.	$(p \rightarrow r)$	$2, \wedge_-$
5.	r	$4, 8, \rightarrow_-$
6.	q	**Ass**
9.	$(q \rightarrow r)$	$2, \wedge_-$
7.	r	$6, 9, \rightarrow_-$
3.	r	$1, 4\text{-}5, 6\text{-}7, \vee_-$

例 23：$\therefore ((\phi \to \psi) \to ((\phi \lor \theta) \to (\psi \lor \theta)))$

2.	$(\varphi \to \psi)$	**Ass**
4.	$(\varphi \lor \theta)$	**Ass**
6.	φ	**Ass**
10.	ψ	$2,6,\to_-$
7.	$(\psi \lor \theta)$	$10,\lor_+$
8.	θ	**Ass**
9.	$(\psi \lor \theta)$	$8,\lor_+$
5.	$(\psi \lor \theta)$	$4,6\text{-}7,8\text{-}9,\lor_-$
3.	$((\varphi \lor \theta) \to (\psi \lor \theta))$	$4\text{-}5,\to_+$
1.	$((\varphi \to \psi) \to ((\varphi \lor \theta) \to (\psi \lor \theta)))$	$2\text{-}3,\to_+$

以上两例展现了析取消去规则的基本使用方法。

例 24: $((p \to q) \wedge (r \to s)) \therefore ((p \vee r) \to (q \vee s))$

1.	$((p \to q) \wedge (r \to s))$	**Prem**
3.	$(p \vee r)$	**Ass**
5.	$(p \to q)$	$1, \wedge_-$
6.	$(r \to s)$	$1, \wedge_-$
7.	p	**Ass**
11.	q	$5, 7, \to_-$
8.	$(q \vee s)$	$11, \vee_+$
9.	r	**Ass**
12.	s	$6, 9, \to_-$
10.	$(q \vee s)$	$12, \vee_+$
4.	$(q \vee s)$	$3, 7\text{-}8, 9\text{-}10, \vee_-$
2.	$((p \vee r) \to (q \vee s))$	$1\text{-}2, \to_+$

例 24 中，可以有三种途径证明序列 4：证明 q，证明 s，证明 $(q \vee s)$。我们采用正推策略拆分前提得到 5 和 6，发现可以使用析取消去规则证明 $(q \vee s)$。

例 25: $\therefore ((p \vee (q \wedge r)) \leftrightarrow ((p \vee q) \wedge (p \vee r)))$

2.	$((p \vee (q \wedge r)))$	Ass
6.	p	Ass
10.	$(p \vee q)$	$6, \vee_+$
11.	$(p \vee r)$	$6, \vee_+$
7.	$((p \vee q) \wedge (p \vee r))$	$10, 11, \wedge_+$
8.	$(q \wedge r)$	Ass
14.	q	$8, \wedge_-$
15.	r	$8, \wedge_-$
13.	$(p \vee q)$	$14, \vee_+$
12.	$(p \vee r)$	$15, \vee_+$
9.	$((p \vee q) \wedge (p \vee r))$	$12, 13, \wedge_+$
3.	$((p \vee q) \wedge (p \vee r))$	$2, 6\text{-}7, 8\text{-}9, \vee_-$
4.	$((p \vee q) \wedge (p \vee r))$	Ass
16.	$(p \vee q)$	$4, \wedge_-$
17.	$(p \vee r)$	$4, \wedge_-$
18.	p	Ass
19.	$(p \vee (q \wedge r))$	$18, \vee_+$
20.	q	Ass
22.	p	Ass
23.	$(p \vee (q \wedge r))$	$22, \vee_+$
24.	r	Ass
26.	$(q \wedge r)$	$20, 24, \wedge_+$
25.	$(p \vee (q \wedge r))$	$26, \vee_+$
21.	$(p \vee (q \wedge r))$	$17, 22\text{-}23, 24\text{-}25, \vee_+$
5.	$(p \vee (q \wedge r))$	$16, 18\text{-}19, 20\text{-}21, \vee_-$
1.	$((p \vee (q \wedge r)) \leftrightarrow ((p \vee q) \wedge (p \vee r)))$	$2\text{-}3, 4\text{-}5, \leftrightarrow_+$

本例证明较为复杂。其中，20 至 21 既是分情况证明中的情况之一，也包含了两个子情况的分情况证明。

例 26：

$(((p \vee q) \to r) \to p) \therefore ((q \to r) \to ((p \to r) \to r))$

1.	$((p \vee q) \to r) \to p)$	**Prem**
3.	$(q \to r)$	**Ass**
5.	$(p \to r)$	**Ass**
9.	$(q \vee q)$	**Ass**
11.	p	**Ass**
12.	r	$5,11,\to_-$
13.	q	**Ass**
14.	r	$3\text{-}13,\to_-$
10.	r	$9,11\text{-}12,13\text{-}13,\vee_-$
8.	$((p \vee q) \to r)$	$9,10,\to_+$
7.	p	$1,8,\to_-$
6.	r	$5,7,\to_-$
4.	$((p \to r) \to r)$	$5,6,\to_+$
2.	$((q \to r) \to ((p \to r) \to r)$	$3\text{-}4,\to_+$

本例中，为了证明 7，因为 1，我们想到证明 8。这又一次显示出倒推策略的优点，我们时刻都方向明确，很清楚地知道我们需要什么。

第四节 反证法的规则

否定引入规则:

$$i. \quad \varphi \qquad\qquad\qquad\qquad \textbf{Ass}$$
$$\vdots$$
$$j. \quad \bot$$
$$\Rightarrow \quad \neg\varphi \qquad\qquad\qquad\qquad i - j, \neg_+$$

矛盾引入规则:

$$i. \quad \neg\varphi$$
$$j. \quad \varphi$$
$$\Rightarrow \quad \bot \qquad\qquad\qquad\qquad i - j, \neg_-$$

公式引入规则:

$$i. \quad \bot$$
$$\Rightarrow \quad \varphi \qquad\qquad\qquad\qquad i, \bot_-$$

双重否定引入规则:

$i.$ $\neg\neg\varphi$

$\Rightarrow$ φ $i, \neg\neg\_$

　　反证法是证明中的重要方法之一,威力强大,经常在证明无路可走时,发挥奇效。否定引入规则得到的公式是一个否定式$\neg\phi$,这意味着,如果待证公式是一个肯定公式,我们无法使用否定引入规则。这个时候,我们要先对这个肯定公式使用双重否定引入规则,然后再使用否定引入规则,我们将在后面的例子中详细阐述这方面的内容。现在我们回到否定引入规则,我没看到j行有个奇怪的符号$\perp$,这个符号的生成必须使用矛盾引入规则。我们仔细观察矛盾引入规则,发现只要在证明序列中发现一对矛盾的已证公式,就可以得到$\perp$,所以,$\perp$这个符号实际上代指了"矛盾",所以我们把这个规则叫作矛盾引入规则。现在我们再回到否定引入规则。当待证公式是$\neg\phi$时,我们假设ϕ,经过一些序列后,得出了$\perp$,说明我们得到了矛盾,因此,ϕ这个假设不成立,从而得出了不依赖于任何假设的$\neg\phi$。最后,我们来看一下公式引入规则。当我们在证明序列中得证了$\perp$后,我们实际上证明了序列中存在着矛盾,矛盾推出一切,所以,我们可以得到任何公式ϕ,因此叫作公式引入规则,这里的"公式"

泛指任意公式。

反证法是所有证明方法中最难掌握的一个，其中一个重要原因是我们在使用矛盾引入规则时，必须考虑如何选取合适的一对矛盾公式推导出⊥，这种选取往往需要创造力，也让反证法在许多时候拥有不止一种证明思路，这与我们之前见到的证明是不同的，那些证明通常只有一条证明思路，我们通常只需要正确、机械地使用规则就可以了，从某种意义上来说，它们属于比较低级的证明。因此，我们将以数量庞大的例题向大家展现和分析如何在证明中灵活地使用反证法。

例 27：$\neg p \therefore (p \to q)$

1.	$\neg p$	**Prem**
3.	p	**Ass**
5.	$\bot$	$1,3,\neg_-$
4.	q	$5,\bot_-$
2.	$(p \to q)$	$3\text{-}4,\to_+$

这个例题中，我们使用了公式引入规则。

例 28：$(p \vee q) \therefore \neg(\neg p \wedge \neg q)$

1.	$(p \vee q)$	**Prem**
3.	$(\neg p \wedge \neg q)$	**Ass**
5.	p	**Ass**
9.	$\neg p$	3,$\wedge_-$
6.	$\bot$	5,9,$\neg_-$
7.	q	**Ass**
10.	$\neg q$	3,$\wedge_-$
8.	$\bot$	7,10,$\neg_-$
4.	$\bot$	3,5-6,7-8,$\vee_-$
2.	$\neg(\neg p \wedge \neg q)$	3-4,$\neg_+$

这是我们见到的第一个使用反证法的例题。因为 1 是个析取式，我们得以通过分情况证明和矛盾引入规则，得出 $\bot$。

例 29：$(p \vee q), \neg p \therefore q$

1.	$(p \vee q)$	**Prem**
1.	$\neg p$	**Prem**
4.	p	**Ass**
8.	$\bot$	2,4,$\neg_-$
5.	q	8,$\bot_-$
6.	q	**Ass**
7.	q	6
3.	q	1,4-5,6-7,$\vee_-$

此例题本质上是个分情况证明，但必须要使用矛盾引入规则（8）和公式引入规则（5）。另外，序列 7 的注释比较特殊，这实际上是同一律的使用场景，因为 6 是假设并且 6 和 7 的内容相同。

例 30：$\therefore ((p \to q) \to (\neg q \to \neg p))$

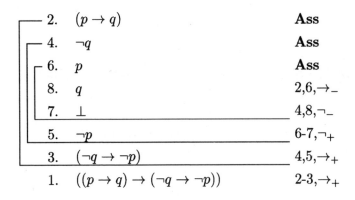

2.	$(p \to q)$	**Ass**
4.	$\neg q$	**Ass**
6.	p	**Ass**
8.	q	$2,6,\to_-$
7.	$\bot$	$4,8,\neg_-$
5.	$\neg p$	$6\text{-}7,\neg_+$
3.	$(\neg q \to \neg p)$	$4,5,\to_+$
1.	$((p \to q) \to (\neg q \to \neg p))$	$2\text{-}3,\to_+$

此例中，我们首先使用了两次条件证明规则，再对 5 使用反证法，易使用矛盾引入规则。读者也可以看出，在反证法这一节中，我们的题目基本都涉及之前所学过规则的综合运用。

例 31：$(\neg p \to p) \therefore p$

1.	$(\neg p \to p)$	**Prem**
4.	$\neg p$	**Ass**
6.	p	$1,4,\to_-$
5.	$\bot$	$4,8,\neg_-$
3.	$\neg\neg p$	$4\text{-}6,\neg_-$
2.	p	$3,\neg\neg_-$

注意本例的待证结论是一个肯定公式，无法使用否定引入规则。这时我们要先用双重否定引入规则实施倒推策略，构造出双重否定的公式 3，然后再使用反证法。所以，对肯定公式使用反证法时，必须先使用双重否定规则。

例 32：$\therefore (p \vee \neg p)$

3.	$\neg(p \vee \neg p)$	**Ass**
7.	p	**Ass**
11.	$(p \vee \neg p)$	$7,\vee_+$
8.	$\bot$	$3,11,\neg_-$
9.	$\neg p$	**Ass**
12.	$(p \vee \neg p)$	$9,\vee_+$
10.	$\bot$	$3,12,\neg_-$
6.	$\neg\neg p$	$9\text{-}10,\neg_+$
5.	$\neg p$	$7\text{-}8,\neg_+$
4.	$\bot$	$5,6,\neg_-$
2.	$\neg\neg(p \vee \neg p)$	$3\text{-}4,\neg_+$
1.	$(p \vee \neg p)$	$2,\neg\neg_-$

此例中，2 是为了使用双重否定，5 和 6 是展现创造力的步骤，又一次显示了反证法的趣味。

例 33：$(r \to \neg q), (r \vee s), (s \to \neg q), (p \to q) \therefore \neg p$

1.	$(r \to \neg q)$	**Prem**
2.	$(r \vee s)$	**Prem**
3.	$(s \to \neg q)$	**Prem**
4.	$(p \to q)$	**Prem**
6.	p	**Ass**
8.	q	$4,6,\to_-$
9.	r	**Ass**
13.	$\neg q$	$1,9,\to_-$
10.	$\bot$	$8,14,\neg_-$
7.	$\bot$	$2,9\text{-}10,11\text{-}12,\vee_-$
5.	$\neg p$	$6\text{-}7,\neg_+$

此例中，因为前提 2，我们可以考虑分情况证明。但是，假设 r 后，只能通过蕴涵消去规则得到 ¬q，因为我们的系统里并没有否定后件规则（MT 规则），所以，如果不使用反证法，则无法继续证明。与其分情况证明后再使用反证法，不如我们一开始就采用反证法策略，证明会更加简单。

例 34：$((\neg(p \wedge \neg q) \wedge (\neg q \vee r)) \wedge \neg r) \therefore \neg p$

1.	$((\neg(p \wedge \neg q) \wedge (\neg q \vee r)) \wedge \neg r)$	**Prem**
3.	p	**Ass**
5.	$(\neg(p \wedge \neg q) \wedge (\neg q \vee r))$	$1, \wedge_-$
6.	$\neg r$	$1, \wedge_-$
7.	$\neg(p \wedge \neg q)$	$5, \wedge_-$
8.	$(\neg q \vee r)$	$5, \wedge_-$
9.	r	**Ass**
10.	$\perp$	$6, 10, \neg_-$
11.	$\neg q$	**Ass**
13.	$(p \wedge \neg q)$	$3, 11, \wedge_+$
12.	$\perp$	$7, 13, \neg_-$
4.	$\perp$	$8, 9\text{-}10, 11\text{-}12, \vee_-$
2.	$\neg p$	$3\text{-}4, \neg_+$

本例先使用倒推策略采用反证法，在 4 处，考虑没什么线索，改用正推策略拆解前提，在得到 8 后，使用分情况证明得证。

例 35：

$$((s \to \neg q) \land (p \to q)), ((r \lor s) \land (r \to \neg q)) \therefore \neg p$$

1.	$((s \to \neg q) \land (p \to q))$	**Prem**
2.	$((r \lor s) \land (r \to \neg q))$	**Prem**
4.	p	**Ass**
6.	$(s \to \neg q)$	$1, \land_-$
7.	$(p \to q)$	$1, \land_-$
8.	q	$4, 7, \to_-$
9.	$(r \lor s)$	$2, \land_-$
10.	$(r \to \neg q)$	$2, \land_-$
11.	s	**Ass**
15.	$\neg q$	$6, 11, \to_-$
12.	$\bot$	$8, 15, \neg_-$
13.	r	**Ass**
16.	$\neg q$	$10, 13, \to_-$
12.	$\bot$	$8, 16, \neg_-$
5.	$\bot$	$9, 11\text{-}12, 13\text{-}14, \lor_-$
3.	$\neg p$	$4\text{-}5, \neg_+$

此例与例 34 相似。

例 36： $(((p \rightarrow q) \wedge (\neg q \vee r)) \wedge ((p \vee \neg s) \wedge \neg r)) \therefore \neg s$

1.	$(((p \rightarrow q) \wedge (\neg q \vee r)) \wedge ((p \vee \neg s) \wedge \neg r))$	**Prem**
3.	s	**Ass**
5.	$((p \vee \neg s) \wedge \neg r)$	$1, \wedge_-$
6.	$(p \vee \neg s)$	$5, \wedge_-$
7.	$\neg r$	$5, \wedge_-$
8.	$((p \rightarrow q) \wedge (\neg q \vee r))$	$1, \wedge_-$
9.	$(p \rightarrow q)$	$8, \wedge_-$
10.	$(\neg q \vee r)$	$8, \wedge_-$
11.	p	**Ass**
15.	q	$9, 11, \rightarrow_-$
16.	$\neg q$	**Ass**
17.	$\bot$	$15, 16, \neg_-$
18.	r	**Ass**
19.	$\bot$	$7, 18, \neg_-$
12.	$\bot$	$10, 16\text{-}17, 18\text{-}19, \vee_-$
13.	$\neg s$	**Ass**
14.	$\bot$	$3, 13, \neg_-$
4.	$\bot$	$6, 11\text{-}12, 13\text{-}14, \vee_-$
2.	$\neg s$	$3\text{-}4, \neg_+$

本例使用反证法后采用正推策略，6 和 10 两个析取式建议了两次分情况证明，需要注意的是，这两次分情况证明并不是独立的，第二次的分情况证明要嵌入到第一次的分情况证明。

例 37：$(\phi_1 \to (\phi_2 \vee \phi_3)), (\neg\phi_2 \to \phi_1), \neg(\phi_4 \to \phi_2),$
$(\neg\phi_5 \to \neg\phi_4) \therefore (\phi_5 \vee \phi_3)$

1.	$(\varphi_1 \to (\varphi_2 \vee \varphi_3))$	**Prem**
2.	$(\neg\varphi_2 \to \varphi_1)$	**Prem**
3.	$\neg(\varphi_4 \to \varphi_2)$	**Prem**
4.	$(\neg\varphi_5 \to \neg\varphi_4)$	**Prem**
8.	$\neg\varphi_5$	**Ass**
10.	$\neg\varphi_4$	$4,8,\to_-$
12.	φ_4	**Ass**
14.	$\bot$	$10,12,\neg_-$
13.	φ_2	$14,\bot_-$
11.	$(\varphi_4 \to \varphi_2)$	$12\text{-}13,\to_+$
9.	$\bot$	$3,11,\neg_-$
7.	$\neg\neg\varphi_5$	$8\text{-}9,\neg_+$
6.	φ_5	$7,\neg\neg_-$
5.	$(\varphi_5 \vee \varphi_3)$	$6,\vee_+$

此例，我们并没有选择从 ϕ_3 的方向证明 5，因为或者使用反证法我们只能得到 $\neg\phi_3$ 的假设，或者使用条件证明，ϕ_1 并不容易得出。我们选择证明 11 构造 $\bot$，是因为 10 让我们看到只要做出程序上的 ϕ_4 假设，就可以得出 $\bot$ 从而得到 ϕ_2。

另外，前提 1 并没有被使用到，这种前提没用全的情况在形式证明中并不少见。

例 38：$(p \to q), ((\neg q \vee r) \wedge \neg r), \neg(\neg p \wedge t) \therefore \neg t$

1.	$(p \to q)$	**Prem**
2.	$((\neg q \vee r) \wedge \neg r)$	**Prem**
3.	$\neg(\neg p \wedge t)$	**Prem**
5.	t	**Ass**
7.	$(\neg q \vee r)$	$2, \wedge_-$
8.	$\neg r$	$2, \wedge_-$
9.	r	**Ass**
10.	$\bot$	$8,9,\neg_-$
11.	$\neg q$	**Ass**
15.	p	**Ass**
17.	q	$1,15,\to_-$
16.	$\bot$	$11,17,\neg_-$
14.	$\neg p$	$15\text{-}16,\neg_+$
13.	$(\neg p \wedge t)$	$5,14,\wedge_+$
12.	$\bot$	$3,13,\neg_-$
6.	$\bot$	$7,9\text{-}10,11\text{-}12,\vee_-$
4.	$\neg t$	$5\text{-}6,\neg_+$

诚如我们上面所讲，为了系统的简洁，我们并没有把否定后件规则放到系统里，也就是 MT 规则，所以，当我们在

证明中遇到"否定后件就要否定前件"的情况时，我们需要多费几个步骤来证明，比如 11 至 14 就是为了证明 1 的否定后件。

例 39：$((\phi_3 \wedge \neg\phi_4) \to \neg(\phi_1 \to \phi_2)), (\phi_1 \to \phi_3), (\phi_3 \to \phi_2) \therefore (\phi_1 \to \phi_4)$

1.	$((\varphi_3 \wedge \neg\varphi_4) \to \neg(\varphi_1 \to \varphi_2))$	**Prem**
2.	$((\varphi_1 \to \varphi_3)$	**Prem**
3.	$(\varphi_3 \to \varphi_2)$	**Prem**
5.	φ_1	**Ass**
7.	φ_3	$2,5,\to_-$
8.	φ_2	$3,7,\to_-$
10.	$\neg\varphi_4$	**Ass**
12.	$(\varphi_3 \wedge \neg\varphi_4)$	$7,10,\wedge_+$
13.	$\neg(\varphi_1 \to \varphi_2)$	$1,12,\to_-$
15.	φ_1	**Ass**
16.	φ_2	8
14.	$(\varphi_1 \to \varphi_2)$	$15\text{-}16,\to_+$
11.	$\bot$	$15\text{-}16,\neg_+$
9.	$\neg\neg\varphi_4$	$10\text{-}11,\neg_+$
6.	φ_4	$9,\neg\neg_-$
4.	$(\varphi_1 \to \varphi_4)$	$5\text{-}6,\to_+$

此例中，在完成了 8 后，正推策略也不能使用了，这时采用倒推策略的反证法，15 至 16 序列中因为有了 8 可以容易得到 14 从而与 13 构成矛盾。

例 40: $(\neg(p \to q) \to \neg(r \land s)), ((q \to p) \lor \neg s), r, s$

$\therefore (p \leftrightarrow q)$

1.	$(\neg(p \to q) \to \neg(r \land s))$	**Prem**
2.	$((q \to p) \lor \neg s)$	**Prem**
3.	r	**Prem**
4.	s	**Prem**
6.	$(q \to p)$	**Ass**
11.	p	**Ass**
17.	$\neg(p \to q)$	**Ass**
19.	$\neg(r \land s)$	$1,17,\to_-$
20.	$(r \land s)$	$3,4,\land_+$
18.	$\bot$	$19,20,\neg_-$
16.	$\neg\neg(p \to q)$	$17,\neg_+$
15.	$(p \to q)$	$16,\neg\neg_-$
12.	q	$11,15,\to_-$
13.	q	**Ass**
14.	p	$6,13,\to_-$
7.	$(p \leftrightarrow q)$	$11\text{-}12,13\text{-}14,\leftrightarrow_+$
8.	$\neg s$	**Ass**
10.	$\bot$	$4,8,\neg_-$
9.	$(p \leftrightarrow q)$	$10,\bot_-$
5.	$(p \leftrightarrow q)$	$2,6\text{-}7,8\text{-}9,\lor_-$

例 40 较为复杂，首先我们使用了分情况证明，在第一个情况下，使用了等值引入规则和反证法；第二个情况下，使用了公式引入规则。

下面我们看最后一个例题，也是本章所有例题中最难的一个例题。

例 41：∴ $((p \rightarrow q) \vee (q \rightarrow p))$

3.	$\neg((p \rightarrow q) \vee (q \rightarrow p))$	**Ass**
7.	p	**Ass**
12.	q	**Ass**
17.	p	**Ass**
18.	q	12
16.	$(p \rightarrow q)$	17-18,$\rightarrow_+$
15.	$((p \rightarrow q) \vee (q \rightarrow p))$	16,$\vee_+$
14.	$\bot$	3,15,$\neg_-$
13.	p	14,$\bot_-$
11.	$(q \rightarrow p)$	12-13,$\rightarrow_+$
10.	$((p \rightarrow q) \vee (q \rightarrow p))$	11,$\vee_+$
9.	$\bot$	3,10,$\neg_-$
8.	q	9,$\bot_-$
6.	$(p \rightarrow q)$	7-8,$\rightarrow_+$
5.	$((p \rightarrow q) \vee (q \rightarrow p))$	6,$\vee_+$
4.	$\bot$	3,5,$\neg_-$
2.	$\neg\neg((p \rightarrow q) \vee (q \rightarrow p))$	3-4,$\neg_+$
1.	$((p \rightarrow q) \vee (q \rightarrow p))$	2,$\neg\neg_-$

本例频繁使用反证法和析取引入规则。其中，$((p \to q) \lor (q \to p))$出现在了 1、5、10、15 中。每次的⊥都要借助 3 产生。总结经验就是，当待证结论过于一般，又无前提时，通常证明较难。形如待证结论这种p、q结构一样，类似对称的情况，则对称的两部分都必须以嵌入的方式用在证明中。

 练习题

1. 为下列推理给出自然演绎的证明。

(1) $(p \land (q \land r)) \therefore ((p \land q) \land r)$

(2) $((p \to q) \land (q \to r)), p \therefore r$

(3) $(p \leftrightarrow (p \to q)), p \therefore q$

(4) $(p \land (q \lor r)) \therefore ((p \land q) \lor (p \land r))$

(5) $\therefore ((p \to \neg q) \leftrightarrow \neg(p \land q))$

(6) $\therefore ((\neg p \to \neg q) \leftrightarrow (q \to p))$

(7) $\therefore ((\neg p \leftrightarrow \neg q) \leftrightarrow (p \leftrightarrow q))$

(8) $(\phi_1 \to (\phi_2 \land \phi_3)), ((\phi_3 \lor \phi_4) \to \phi_5), \phi_1 \therefore (\phi_5 \lor \phi_6)$

（9）$(p \to q), (q \to r), ((p \to r) \to s) \therefore s$

（10）$(((p \vee q) \to r) \to p) \therefore ((p \to r) \to ((q \to r)$
$\to p))$

（11）$((p \vee q) \to r), (r \to \neg s), (p \wedge s) \therefore q$

（12）$((p \wedge q) \wedge \neg r), (s \to r) \therefore (p \wedge \neg s)$

（13）$(((p \vee q) \leftrightarrow r) \to (s \vee t)), ((r \to (q \vee s)), \neg(q \vee t),$
$(s \leftrightarrow q) \therefore p$

（14）$(p \to q), (\neg r \to p) \therefore (q \vee r)$

（15）$\therefore ((\phi \wedge \psi) \vee (\phi \wedge \neg \psi) \vee (\neg \phi \wedge \psi) \vee (\neg \phi \wedge \neg \psi))$

第五章

命题逻辑的完全性

到目前为止，我们介绍了真值表（附录部分）、真值树和自然演绎系统这三个逻辑系统中涉及命题逻辑部分的内容。我们将在后续的《谓词逻辑基础教程》介绍更深层次的知识。仅就目前而言，我们会发现一个很有趣的事情：除了在第二章我们讲了命题逻辑的形式语义学，我们似乎就没再谈论它了。真值树系统由一些规则构成，自然演绎推理系统同样是这样，即便是真值表，我们也可以把基本真值表看作是联结词的真值计算规则。以自然演绎推理系统举例而言，所有内容都是关于公式序列的变换过程，给定前提（或者零前提）通过一步步使用推理规则，达到待证结论。在这个过程中，我们从来没有涉及真假，即语义部分。我们从来没有讨论过这个过程的意义在哪里，它不应该是一个纯粹的公式推理游戏，哪怕是数独，我们也知道目标是补齐单词或者实现数字上的某种平衡。观察真值树的使用也许可以帮助我们回答自然演绎推理系统的意义问题。真值树的规则并不涉及真假，虽然与自然演绎推理系统在形式上不同，但真值树的规则也还是在规定公式该如何变换。只是在介绍完真值树规则之后，我们介绍了如何使用真值树判定公式（集）的性质和判定论证是否有效，而这些部分都是与语义相关的部分，我们借助真值树谈论公式（集）和论证的前提和结论的真假问题。这里也有一个问题：我们从来都没有论证真值树的判定作用是准确无误的，我们给出方法并举例说明，所有这一切都是"我"在这里自说自话，除了直觉，你凭什么相信这些判定方法一定可以带来正确的结果？除此之外，还有一个更深层的问题：即使真值树的判定作用真实可信，是否所有公式和论证的判定它都可以做到，即是否存在某个公式（集）或者某个论证，真值树无法判定它的性质？第一个问题涉及的是系统可靠性的问题，第二个问题涉及的是系统完全性的问题。我们将在稍后给出准确的形式定义。自然演绎推理系统同样面临可靠性和完全性的问题。然而，一个系统的可靠性和完全性的证明（如果这个系统具有可靠性和完全性的话）思路和复杂度依赖于这个系统本身。绝大部分关于命题逻辑的可靠性和完全性的证明都是在命题逻辑的公理系统上完成的，考虑到其涉及的技术最具有代表性和工具性，无论是一阶逻辑、模态逻辑的可靠性和完全性证明都和其一脉相承，本书也不例外。本书第五章将在第一节介绍公理系统；在第二节证明其可靠性；在第三节证明其完全性。如果读者对真值树系统或者自然演绎推理系统的可靠性和完全性有兴趣，可分别参考：*A Completeness Proof for a Tableau System for Propositional Logic" by Dale Jacquette* 和 *"Completeness of Natural Deduction" by Per Martin-Löf*。

第一节　命题逻辑的公理系统

命题逻辑的公理系统 [1] 包含三个公理：$\mathbf{A1,A2,A3}$和一个推理规则$\mathbf{MP}$。具体如下：

$\mathbf{A1}$ $(\phi \rightarrow (\psi \rightarrow \phi))$

$\mathbf{A2}$ $((\phi \rightarrow (\psi \rightarrow \theta)) \rightarrow ((\phi \rightarrow \psi) \rightarrow (\phi \rightarrow \theta)))$

$\mathbf{A3}$ $((\neg\phi \rightarrow \psi) \rightarrow ((\neg\phi \rightarrow \neg\psi) \rightarrow \phi))$

$\mathbf{MP}$ 从$(\phi \rightarrow \psi)$和ϕ得到ψ

可以看出，公理系统十分简洁。这或许是它被选中用来证明命题逻辑可靠性和完全性的原因吧。下面我们给出一个非常重要的定义：公式集的一个演绎。注意，在第二章我们定义了命题逻辑的合法公式集$\mathcal{L}$，在这一章我们更多时候把

---

[1]　本书介绍的公理系统是完全性证明中较为流行的一个，但命题逻辑的公理系统并不只有这一个。

$\mathcal{L}$称为WFF (Well Formed Formula 合式公式)。

定义 9 给定公式集$\Delta \subseteq$ WFF，我们定义Δ的一个演绎是一个公式序列$\psi_1, \psi_2 \ldots \psi_n \in$ WFF \$，其中，对每个$\psi_i \in \{\psi_1, \psi_2 \ldots \psi_n\}$来说，

• $\psi_i \in \Delta$或者

• $\psi_i \in \{\mathbf{A1}, \mathbf{A2}, \mathbf{A3}\}$或者

• ψ_i经由其前的公式从MP规则得出，即：存在$1 \leq j, k < i$使得$\psi_k = (\psi_j \rightarrow \psi_i)$

通俗地说，公式集的一个演绎是一个公式序列，在这个公式序列里的每个公式，要么是这个公式集里的某个公式，要么是$\mathbf{A1}, \mathbf{A2}, \mathbf{A3}$，要么经由推理规则$\mathbf{MP}$从序列里的前面的两个公式得出。

借助演绎，我们可以定义任意公式被公式集推出是什么意思。如下：

定义 10 对任意公式集$\Delta \subseteq$ WFF$\phi \in$ WFF，我们说ϕ可以被Δ推出，用符号表示为$\Delta \vdash \phi$，如果存在一个Δ的一个演绎，且ϕ是这个演绎中公式序列里最后的那个公式。

比如，下面这个引理说明$(\phi \rightarrow \phi)$可以被空集推出：

引理 1 对任意 $\phi \in \mathrm{WFF}$, $\emptyset \vdash (\phi \to \phi)$

证明:

令 $\psi_1, \ldots, \psi_5$ 定义为如下:

$$\psi_1 = (\phi \to (\phi \to \phi)) \qquad\qquad \mathbf{A1}$$

$$\psi_2 \, (\phi \to ((\phi \to \phi) \to \phi)) \qquad\qquad \mathbf{A1}$$

$$\psi_3 = ((\phi \to ((\phi \to \phi) \to \phi)) \to ((\phi \to (\phi \to \phi)) \to$$
$$(\phi \to \phi))) \qquad\qquad \mathbf{A2}$$

$$\psi_4 = ((\phi \to (\phi \to \phi)) \to (\phi \to \phi)) \qquad \mathbf{MP}, \psi_2, \psi_3$$

$$\psi_5 = (\phi \to \phi) \qquad\qquad \mathbf{MP}, \psi_1, \psi_4$$

从空集推出的公式,我们在自然演绎推理系统里见过很多的例题,现在我们知道,它其实有另外一个名字:

定义 11 对任意 $\phi \in \mathrm{WFF}$,如果 $\emptyset \vdash \phi$,则 ϕ 是定理,简记为:$\vdash \phi$。

我们在第一章里介绍了"一致"这个概念,但是是从语义的角度介绍的。对应在语言本身,我们有一个语形一致的概念。如下:

定义 12 对任意公式集 $\Delta \subseteq$ WFF，Δ 是语形一致的，如果对任意 $\phi \in$ WFF，$\Delta \nvdash \neg(\phi \to \phi)$。

本章中出现的一致概念，基本都是语形一致，所以，如无例外情况，本章随后将把语形一致简称为一致。

第二节 公理系统的可靠性证明

回想一下第二章我们学习过的重言式、语义后承等概念。公式ϕ是公式集Δ的语义后承，记作$\Delta \models \phi$，如果对任意公式$\psi_1, \psi_2, \ldots \psi_n (n \in \mathcal{N}) \in \Delta$和任意$V$，如果$V'(\psi_1) = V'(\psi_2) = \cdots = V'(\psi_n) = 1$，则$V'(\phi) = 1$。如果$\Delta$是空集，则类似于上面的定义，我们把$\Delta \models \phi$简写为$\models \phi$。而$\models \phi$实际上说的就是$\phi$是重言式。这里我们引入一个记法：$V'(\Delta) = 1$来表示对所有$\phi \in \Delta$，有$V'(\phi) = 1$。

下面我们就来准确地说一下这个公理系统的可靠性和完全性是什么意思。我们已经知道公理系统可以推出公式，这里分了两种情况：有无前提集，也就是我们上面说的Δ。如果Δ是空集，则系统推出的都是定理。那么，这些定理是否都是重言式呢？即

如果$\vdash \phi$，则$\models \phi$。

如果事实确实如此，则这个系统相当可靠，因为我可以信任所有零前提下推出的公式。

那么，有前提的情况下是否也有类似结果呢，即

如果$\Delta \vdash \phi$，则$\Delta \models \phi$。

当Δ非空的情况下，如果事实也确实如此，则这个系统完全可靠，因为我们可以信任任何情况下系统推出的公式。我们称此为系统的可靠性。

定义 13 对任意公式集$\Delta \subseteq$ WFF和公式$\phi \in$ WFF，系统是可靠的，如果$\Delta \vdash \phi$，则$\Delta \models \phi$。

定理 1 （可靠性定理）公理系统是可靠的。

证明：

我们将尝试采用自然演绎推理的方式给出证明。据我所知，这种做法在数理逻辑的教科书里还是首创。所谓学以致用，我们希望让读者看到自然演绎推理并不仅仅是符号的推理，它所蕴涵的证明思想是数学和逻辑证明中通用的。同样，我们也会首选倒推策略，在相应的地方注明我们的证明所需，对于那些稍显独立的证明所需，我们将在这个证明之后给出，需要说明的是，一般的教科书和论文都会把证明所需当作准备工作，在这个证明之前提前展示出来，但这恰恰掩盖了学习证明最重要的一点：我们是如何找到证明路径的。

2. $\Delta \subseteq$ WFF, $\varphi \in$ WFF   **Ass**

4. $\Delta \vdash \varphi$ **Ass**

7. V 是任意的   **Ass**

9. $V'(\Delta) = 1$ **Ass**

11. 存在一个 Δ 的演绎 $\varphi_1, \ldots, \varphi_n$ 使得 $\varphi_n = \varphi$ 4,$\vdash$ 的定义

12. 对任意公式集 $\Delta \subseteq$ WFF, 对任意 V, 如果 $V'(\Delta) = 1$, 如果 $\psi_1, \ldots, \psi_n$ 是一个 Δ 的演绎, 则 $V'(\varphi_i) = 1(1 \leq i \leq n)$ 需要证明（引理 2）

10. $V'(\varphi) = 1$ 11,12,$\rightarrow_-$

8. 如果 $V'(\Delta) = 1$, 则 $V'(\varphi) = 1$ 9-10,$\rightarrow_+$

6. 对任意 V, 如果 $V'(\Delta) = 1$, 则 $V'(\varphi) = 1$。   7-8,$\rightarrow_+$

5. $\Delta \models \varphi$ 6,$\models$ 的定义

3. 如果 $\Delta \vdash \varphi$, 则 $\Delta \models \varphi$ 4-5,$\rightarrow_+$

1. 对任意公式集 $\Delta \subseteq$ WFF 和公式 $\varphi \in$ WFF, 如果 $\Delta \vdash \varphi$, 则 $\Delta \models \varphi$ 2-3,$\rightarrow_+$

通过倒推策略，我们一步步地简化待证结论，必要时我们拆解定义得到新的信息。12 是关键，我们接下来证明引理 2。

引理 2 对任意公式集 $\Delta \subseteq$ WFF，对任意 V，如果 $V'(\Delta) = 1$，则对任意 $n \in \mathbb{N}$，如果 $\psi_1, \ldots, \psi_n$ 是一个 Δ 的演绎，则 $V'(\phi_i) = 1(1 \leq i \leq n)$。 [①]

证明：

---

① 引理 2 及其证明以及上图中的序列 12 中，ϕ_i 应改为 ψ_i。

2.	$\Delta \subseteq$ WFF	**Ass**
4.	V 是任意的	**Ass**
6.	$V'(\Delta) = 1$	**Ass**
8.	$n = 1$	**Ass**
12.	$\psi_1, \ldots, \psi_n$ 是一个 Δ 的演绎	**Ass**
14.	$(\psi_i \in \Delta) \vee (\psi_i \in \{\mathbf{A1}, \mathbf{A2}, \mathbf{A3}\})$	12，演绎定义
15.	$(\psi_i \in \Delta)$	**Ass**
16.	$V'(\varphi_i) = 1 (1 \leq i \leq n)$	6
17.	$(\psi_i \in \{\mathbf{A1}, \mathbf{A2}, \mathbf{A3}\})$	**Ass**
18.	$V'(\varphi_i) = 1 (1 \leq i \leq n)$	需要证明（引理 3）
13.	$V'(\varphi_i) = 1 (1 \leq i \leq n)$	14,15-16,17-18,$\vee_-$
9.	如果 $\psi_1, \ldots, \psi_n$ 是一个 Δ 的演绎，则 $V'(\varphi_i) = 1 (1 \leq i \leq n)$	12-13,$\to_+$
10.	$n = m + 1$	**Ass**
19.	$\psi_1, \ldots, \psi_m, \psi_n$ 是一个 Δ 的演绎	**Ass**
21.	$\psi_1, \ldots, \psi_m,$ 是一个 Δ 的演绎	需要证明（引理 4）
23.	$V'(\varphi_i) = 1 (1 \leq i \leq n)$	归纳假设
24.	$((\psi_n \in \Delta) \vee (\psi_n \in \{\mathbf{A1}, \mathbf{A2}, \mathbf{A3}\}))$ $\vee (\psi_n$ 由 $\psi_i, \psi_j \mathbf{MP}$ 规则得到 $(1 \leq i, j \leq m))$	归纳假设
25.	$((\psi_n \in \Delta) \vee (\psi_n \in \{\mathbf{A1}, \mathbf{A2}, \mathbf{A3}\}))$	**Ass**
26.	$V'(\varphi_n) = 1$	与 15-16，17-18 同理
27.	ψ_n 由 ψ_i, ψ_j 通过 $\mathbf{MP}$ 规则得到 $(1 \leq i, j \leq m)$ **Ass**	
30.	$V'(\varphi_i) = V'(\varphi_j) = 1$	23
31.	$\psi_j = (\psi_i \to \psi_n)$	27
28.	$V'(\varphi_n) = 1$	30,31,$\models$ 定义
29.	$V'(\varphi_n) = 1$	24，25-26，27-28，$\vee_-$
20.	$V'(\varphi_i) = 1 (1 \leq i \leq n)$	23,29,$\wedge_+$
11.	如果 $\psi_1, \ldots, \psi_n$ 是一个 Δ 的演绎，则 $V'(\varphi_i) = 1 (1 \leq i \leq n)$	19-20,$\to_+$
7.	对任意 $n \in \mathcal{N}$, 如果 $\psi_1, \ldots, \psi_n$ 是一个 Δ 的演绎，则 $V'(\varphi_i) = 1 (1 \leq i \leq n)$	8-9,10-11, 数学归纳法
5.	如果 $V'(\Delta) = 1$, 对任意 $n \in \mathcal{N}$, 如果 $\psi_1, \ldots, \psi_n$ 是一个 Δ 的演绎，则 $V'(\varphi_i) = 1 (1 \leq i \leq n)$	6-7,$\to_+$
3.	对任意 V，如果 $V'(\Delta) = 1$, 则对 任意 $n \in \mathcal{N}$, 如果 $\psi_1, \ldots, \psi_n$ 是一个 Δ 的演绎，则 $V'(\varphi_i) = 1, (1 \leq i \leq n)$	4-5,$\to_+$
1.	引理 2	2-3,$\to_+$

这是个复杂的证明，我们以自然演绎推理的方式写出，希望读者可以耐心地读完，如果阅读困难，建议读者们自己跟着画一遍，就会明了。

下面我们来填补这个证明中的两个"坑"：引理 3 和 4。

引理 3　A1,A2,A3是重言式。

证明：

由第二章的形式语义定义很容易计算出，读者自证。

读者可以看到，如果我们每次假设 Δ、ϕ 等是任意的，则会增加证明的步骤。为了简便起见，本章剩余部分将不再特殊说明 Δ、ϕ 是任意的，当 Δ、ϕ 等是特定的时候，会专门注明。

引理 4　如果 $\psi_1,\ldots,\psi_n$ 是一个 Δ 的演绎，则 $\psi_1,\ldots,\psi_i(1 \leq i \leq n)$ 也是一个 Δ 的演绎。

证明：

2.	$\psi_1,\ldots,\psi_n$ 是一个 Δ 的演绎	Ass
3.	$i=1$	Ass
7.	$(\psi_i \in \Delta) \vee (\psi_i \in \{\mathbf{A1,A2,A3}\})$	2，演绎定义
4.	$\psi_1,\ldots,\psi_i(1 \le i \le n)$ 是一个 Δ 的演绎	7，演绎定义
5.	$i=m+1(1 \le m < n)$	Ass
8.	$\psi_1,\ldots,\psi_m$ 是一个 Δ 的演绎	归纳假设
9.	$((\psi_i \in \Delta) \vee (\psi_i \in \{\mathbf{A1,A2,A3}\}))$ $\vee(\psi_i$ 由 $\psi_j,\psi_k\mathbf{MP}$ 规则得到 $(1 \le j,k \le m)$	2，演绎定义
10.	$((\psi_i \in \Delta) \vee (\psi_i \in \{\mathbf{A1,A2,A3}\}))$	Ass
11.	$\psi_1,\ldots,\psi_i(1 \le i \le n)$ 是一个 Δ 的演绎	8,10，演绎定义
12.	$(\psi_i$ 由 $\psi_j,\psi_k\mathbf{MP}$ 规则得到 $(1 \le j,k \le m))$	Ass
13.	$\psi_1,\ldots,\psi_i(1 \le i \le n)$ 是一个 Δ 的演绎	8,12，演绎定义
6.	$\psi_1,\ldots,\psi_i(1 \le i \le n)$ 是一个 Δ 的演绎	9,10-11,12-13,$\vee_-$
3.	$\psi_1,\ldots,\psi_i(1 \le i \le n)$ 是一个 Δ 的演绎	3-4,5-6，数学归纳法
1.	引理 4	2-3,$\to_+$

至此，我们证明了公理系统具有可靠性。

第三节　公理系统的完全性证明

在完成了可靠性证明后，我们来讨论系统最重要也是最难的证明：完全性证明。系统的可靠性指的是系统是可信任的。系统的完全性则不同。我们使用逻辑系统的目的是为了判断推理是否有效或者某个公式（集）是否有某些性质。有效推理有很多，重言式也有很多，确切地说是无穷多。我们不禁要问，是不是任意一个有效推理都能在系统里找到一个其前提集的演绎呢？是不是任意一个重言式都可以在系统里找到一个来自空集的演绎呢？即：

如果 $\models \phi$，则 $\vdash \phi$。

如果事实确实如此，则这个系统的产出能力很强，因为对任何的重言式，系统都可以给出一个零前提的演绎，来"证明"它是重言式。

那么，有前提的情况下是否也有类似结果呢，即

如果 $\Delta \models \phi$，则 $\Delta \vdash \phi$。

当 Δ 非空的情况下，如果事实也确实如此，则这个系统

的产出能力完全，因为对所有的有效推理，系统都能给出一个其前提集的演绎，换句话说，但凡系统无法提供该前提集的演绎，则该推理无效，我们称此为系统的完全性。

定义 14 对任意公式集 $\Delta \subseteq \mathrm{WFF}$ 和公式 $\phi \in \mathrm{WFF}$，系统是完全的，如果 $\Delta \models \phi$，则 $\Delta \vdash \phi$。

定理 2 （完全性定理）公理系统是完全的。

证明：

按照常规的证明方法，我们要假设 $\Delta \models \phi$，然后证明 $\Delta \vdash \phi$。但是，因为 ϕ 是任意公式，我们无法把握住一个 Δ 的演绎且以 ϕ 作为结尾，况且，读者们可以从引理 1 的证明中看到公理系统的演绎比自然演绎系统的推理要抽象的多，需要大得多的想象力。所以，系统简洁是要付出代价的。因此，我们转换思路来推理，证明如下的方向：

如果 $\Delta \nvdash \phi$，那么 $\Delta \nvDash \phi$。

为什么选择这个方向呢，因为 $\Delta \nvDash \phi$ 需要的是构造一个 V，语义构造的难度会大大小于语形构造的难度。下面我们给出自然演绎的推理来证明这个方向。

```
┌ 2.   Δ ⊬ φ                                        Ass
  5.   (Δ 不一致)∨(Δ 一致)
┌ 6.   Δ 不一致                                      Ass
  10.  Δ ⊢ φ                                        引理 5（待证）
  11.  ⊥                                            2,10,¬_
└ 7.   存在 V，使得 V'(Δ) = 1, V'(φ) = 0              11,⊥_
┌ 8.   Δ 一致                                        Ass
  13.  Δ ∪ {¬φ} 是一致的                             2, 引理 8（待证）
  14.  任意 Γ, 定义 V_Γ, 使得
       V'_Γ(ψ) = 1 当且仅当 ψ ∈ Γ                   真值引理（待证）
  15.  Δ ∪ {¬φ} ⊆ Σ                                林登鲍姆引理（待证）
  16.  V'_Σ(Δ) = 1                                  14,15,↔_
  17.  V'_Σ(φ) = 0                                  14,15,↔_
└ 9.   存在 V，使得 V'(Δ) = 1, V'(φ) = 0              16,17,∧_+
  4.   存在 V，使得 V'(Δ) = 1, V'(φ) = 0              5,6-7,8-9,∨_
  3.   Δ ⊭ φ                                        4,⊨ 定义
  1.   如果 Δ ⊬ φ，那么 Δ ⊭ φ                        2-3,→_+
```

我们现在一步一步地填坑，把这个证明补齐，公理系统的完全性就得到证明。

引理 5　**Δ是一致的，当且仅当，Δ ⊢ φ和Δ ⊢ ¬φ不可同时为真。**

证明：

我们已经展示了如何用自然演绎推理的形式给出证明，这种形式比较适合展示证明的结构和思路，但对于有过多细节的证明，易读性比较差。所以，在随后的证明中，如无特

殊必要，我们将不再采用自然演绎推理的形式给出证明。如果读者有兴趣，可以自己写出，以加深对证明的理解。

因为"当且仅当"是双向的蕴涵，证明时需要从两个方向分别证明（少数情况是可以采用等值传递的方式同时证明两个方向的），我们这里用⇒和⇐来表示两个方向的证明。

⇒

假设 $\Delta \vdash \phi$ 并且 $\Delta \vdash \neg\phi$。根据反证法，我们需要证明 Δ 是不一致的。令 $\psi \in \text{WFF}$。我们有：

$\Delta \vdash (\phi \to (\neg\neg(\psi \to \psi) \to \phi))$

$\Delta \vdash (\neg\phi \to (\neg\neg(\psi \to \psi) \to \neg\phi))$

$\Delta \vdash ((\neg\neg(\psi \to \psi) \to \phi) \to ((\neg\neg(\psi \to \psi) \to \neg\phi) \to \neg(\psi \to \psi)))$

想要继续证明下去，我们需要的是改版的 **MP** 规则，即"对任意 $\Gamma \subseteq \text{WFF}, \phi, \psi \in \text{WFF}$，如果 $\Delta \vdash \phi$ 和 $\Delta \vdash (\phi \to \psi)$，则 $\Delta \vdash \psi$"。我们把此列为待证的引理 6。现在我们假设引理 6 已证，继续往下证明。

根据引理 6，我们有：

$\Delta \vdash (\neg\neg(\psi \to \psi) \to \phi)$

$\Delta \vdash (\neg\neg(\psi \to \psi) \to \neg\phi)$

$\Delta \vdash \neg(\psi \to \psi)$

所以，Δ 是不一致的。

$\Leftarrow$

假设Δ是不一致的，我们需要证明$\Delta \vdash \phi$和$\Delta \vdash \neg\phi$。

根据一致的定义，存在$\psi \in$ WFF，使得$\Delta \vdash \neg(\psi \to \psi)$。我们根据引理1，有$\vdash (\psi \to \psi)$，需要根据待证的引理7（对任意$\Gamma \subseteq$ WFF, $\phi \in$ WFF，如果$\vdash \phi$，则$\Gamma \vdash \phi$。得到：$\Delta \vdash (\psi \to \psi)$。与上面的证明类似，我们有：

$\Delta \vdash ((\psi \to \psi) \to (\neg\phi \to (\psi \to \psi)))$

$\Delta \vdash (\neg(\psi \to \psi) \to (\neg\phi \to \neg(\psi \to \psi)))$

$\Delta \vdash ((\neg\phi \to (\psi \to \psi)) \to ((\neg\phi \to \neg(\psi \to \psi)) \to \phi))$

由引理 6，我们有：

$\Delta \vdash (\neg\phi \to (\psi \to \psi))$

$\Delta \vdash (\neg\phi \to \neg(\psi \to \psi))$

$\Delta \vdash \phi$

类似地，我们可以证明$\Delta \vdash \neg\phi$。证毕。

现在，我们来证明引理 6 和 7，以完成引理 5 的证明，然后再证明引理 8。

引理 6 对任意$\Gamma \subseteq$ WFF, $\phi, \psi \in$ WFF，如果$\Delta \vdash \phi$和$\Delta \vdash (\phi \to \psi)$，则$\Delta \vdash \psi$。

证明：

假设$\Delta \vdash \phi$，并且$\Delta \vdash (\phi \to \psi)$。根据定义，存在

$\psi_1 \ldots \psi_n$使得$\psi_1 \ldots \psi_n$是一个Δ的演绎，并且$\psi_n = \phi$。并且，也存在$\psi_1' \ldots \psi_m'$使得$\psi_1' \ldots \psi_m'$也是一个Δ的演绎。通过$\psi_{n+i} = \psi_i'$（$1 \leq i \leq m$），定义$\psi_{n+1} \ldots \psi_{n+m}$。令$\psi_{n+m+1} = \psi$。因为$\psi_{n+m+1}$可由$\psi_n$和$\psi_{n+m}$通过 MP 规则得到，所以，$\psi_1 \ldots \psi_n, \psi_{n+1} \ldots \psi_{n+m}, \psi_{n+m+1}$是$\Delta$的一个演绎。据定义，$\Delta \vdash \psi$。证毕。

引理 7 对任意$\Gamma \subseteq \mathsf{WFF}, \phi \in \mathsf{WFF}$，如果$\vdash \phi$，则$\Gamma \vdash \phi$。

证明：由$\Delta \vdash \phi$和$\vdash \phi$的定义容易得出。

引理 8 对任意一致集$\Delta \subseteq \mathsf{WFF}, \phi \in \mathsf{WFF}$，如果$\Delta \not\vdash \phi$，则$\Delta \cup \{\neg\phi\}$一致。

证明：

假设$\Delta \not\vdash \phi$。我们采用反证法。假设$\Delta \cup \{\neg\phi\}$是不一致的。所以，对某个$\psi \in \mathsf{WFF}$，有$\Delta \cup \{\neg\phi\} \vdash \neg(\psi \to \psi)$。但由引理 1，$\vdash (\psi \to \psi)$。由引理 7，$\Delta \cup \{\neg\phi\} \vdash (\psi \to \psi)$。为了导出矛盾，我们下面要用到演绎定理：对任意$\Gamma \subseteq \mathsf{WFF}, \phi, \psi \in \mathsf{L}$，$\Gamma \cup \{\phi\} \vdash \psi$当且仅当$\Gamma \vdash (\phi \to \psi)$。稍后待证。由演绎定理，我们有$\Delta \vdash (\neg\phi \to \neg(\psi \to \psi))$并且$\Delta \vdash (\neg\phi \to (\psi \to \psi))$。根据公理 3，我们也有

$\vdash ((\neg\phi \to (\psi \to \psi)) \to ((\neg\phi \to \neg(\psi \to \psi)) \to \phi))$，因 而 有 $\Delta \vdash ((\neg\phi \to (\psi \to \psi)) \to ((\neg\phi \to \neg(\psi \to \psi)) \to \phi))$。所以，我们有$\Delta \vdash \phi$。矛盾！证毕。

下面我们来证明演绎定理。注意，我们有些时候采用了 Δ, ϕ来表示$\Delta \cup \{\phi\}$。

定理 3 （演绎定理）对任意$\Gamma \subseteq \mathrm{WFF}, \phi, \psi \in \mathrm{WFF}$,

$\Gamma \cup \{\phi\} \vdash \psi$当且仅当$\Gamma \vdash (\phi \to \psi)$

演绎定理顾名思义是关于演绎的定理，其内容与真假无关。因为ϕ和ψ都是任意的，我们无法知道他们具体的演绎序列是什么样子的，但是我们知道任何演绎序列都是有长度的，所以，我们可以通过归纳演绎序列的长度来证明：任意长度的演绎序列都有定理说明的性质。然而，我们目前还没有办法描述演绎序列的长度，所以，我们在证明演绎定理之前，先要给出定义，并证明一些有关长度的基本性质。

定义 15 对任意$\Delta \subseteq \mathrm{WFF}, \phi \in \mathrm{WFF}$，$\phi$可以由$\Delta$经过$n$步推导出，如果存在一个$\Delta$的演绎$\psi_1, \psi_2, \ldots, \psi_n$，其中$\psi_n = \phi$。我们用记号$\Delta \vdash_n \phi$来表示。

引理 9 对任意 $\Delta \subseteq WFF, \phi \in WFF$，我们有：

（1）$\Delta \vdash \phi$ 当且仅当存在 $n \in \mathbb{N}, \Delta \vdash_n \phi$；

（2）如果 $\Delta \vdash_n \phi$ 并且 $m > n$，则 $\Delta \vdash_m \phi$。

证明：

第一点很容易从定义 10 中得到。

我们简单证明一下第二点。假设 $\Delta \vdash_n \phi$ 并且存在 $m, n \in \mathbb{N}$ 使得 $m > n$。所以，存在一个序列 $\psi_1 \ldots \psi_n$，其中 $\psi_n = \phi$。定义 $\psi_{n+1} \ldots \psi_m$ 使得 $n + 1 \leq i \leq m$，$\psi_i = \phi$。则，序列 $\psi_1 \ldots \psi_m$ 是一个 Δ 的演绎，使得 $\psi_m = \phi$。所以，$\Delta \vdash_m \phi$。证毕。

下面我们来证明演绎定理。

证明：

$\Rightarrow$

我们通过归纳每一个 $n \in \mathbb{N}$，都有：如果 $\Delta, \phi \vdash_n \psi$，则 $\Delta \vdash (\phi \rightarrow \psi)$，来进行证明。

初始情况：$n = 0$，

如果 $\Delta, \phi \vdash_0 \psi$，则存在一个 Δ 的长度为 0 的演绎。但这是不可能的。

归纳情况：$m = n + 1$，

假设$\Delta, \phi \vdash_{n+1} \psi$，我们需要证明$\Delta \vdash (\phi \to \psi)$。根据定义 10，$\psi_{n+1}$只有三种情况：

（1）$\psi_{n+1} \in \Delta \cup \{\phi\}$；或者

（2）ψ_{n+1}是三个公理的其中之一；或者

（3）存在$1 \leq j, k \leq n + 1$，使得$\psi_k = (\psi_j \to \psi_{n+1})$

如果是情况（1），则：或者$\psi_{n+1} = \phi$或者$\psi_{n+1} \in \Delta$。如果$\psi_{n+1} = \phi$，根据引理 1 和引理 7，我们有：$\Delta \vdash (\phi \to \psi)$。如果$\psi_{n+1} \in \Delta$，令$\psi_1 = \psi, \psi_2 = (\psi \to (\phi \to \psi)), \psi_3 = (\phi \to \psi)$。则$\psi_1, \psi_2, \psi_3$是$\Delta$的一个演绎。所以，$\Delta \vdash (\phi \to \psi)$。如果是情况（2），则证明与（1）类似。如果是情况（3），则根据定义10，我们有$\Delta, \phi \vdash_j \psi_j$并且$\Delta, \phi \vdash_k (\psi_j \to \psi)$。根据归纳假设，我们有$j, k \leq n$，所以，可得$\Delta, \phi \vdash \psi_j$并且$\Delta, \phi \vdash (\psi_j \to \psi)$。我们还有公理A2：$\Delta \vdash ((\phi \to (\psi_j \to \psi)) \to ((\phi \to \psi_j) \to (\phi \to \psi)))$ 所以，根据引理6，$\Delta \vdash ((\phi \to \psi_j) \to (\phi \to \psi))$并且$\Delta \vdash (\phi \to \psi)$。

$\Leftarrow$

$\Delta \vdash (\phi \to \psi)$。由引理 7，$\Delta, \phi \vdash (\phi \to \psi)$所以，$\Delta, \phi \vdash \phi$，从而由引理 6 得$\Delta, \phi \vdash \psi$。证毕。

到目前为止，我们距离补全之前的完全性证明就差两步了，而这两步也是最有创造力的两步。

首先，我们来看真值引理。根据完全性证明的步骤，我们先要构造一个赋值V如下：

定义 16 **给定公式集$\Sigma \subseteq$ WFF，我们定义赋值V_Σ如下：**

$$V_\Sigma(p) = \begin{cases} 1 & \text{if } p \in \Sigma \\ 0 & \text{Otherwise} \end{cases}$$

这是一个很有创造力的定义，赋值函数是一个从Prop到$\{1, 0\}$的映射，而上述定义是符合赋值函数定义的。下面我们来呈现预备版本的真值引理。

引理 10 **（预备版真值引理）**

给定公式集$\Sigma \subseteq$ WFF和$\phi \in$ WFF，我们有：

$$V'_\Sigma(\phi) = 1\text{当且仅当}\phi \in \Sigma$$

预备版是什么意思呢？遵循探究式的教学思路，我们希望通过在证明预备版的真值引理的过程中遇到的困难，来得到正式版的真值引理。

证明：

因为ϕ是任意公式，我们通过第二章介绍的结构归纳法来证明：无论ϕ是何种形式的公式，都有上述结果。

初始情况：$\phi = p \in \text{Prop}$

$V'_\Sigma(p) = V_\Sigma(\phi) = 1$当且仅当（据定义 16）$p \in \Sigma$

归纳情况 1：$\phi = \neg\psi$

$V'_\Sigma(\neg\psi) = 1$当且仅当（据语义定义）$V'_\Sigma(\psi) = 0$当且仅当（据归纳假设）$\psi \notin \Sigma$当且仅当（Σ需要满足：对任意公式ϕ，$\phi \notin \Sigma$当且仅当$\neg\phi \in \Sigma$）$\neg\psi \in \Sigma$。

归纳情况 2：$\phi = (\psi \to \theta)$

$V'_\Sigma((\psi \to \theta)) = 1$ 当 且 仅 当（据 语 义 定 义 ）（$V'_\Sigma(\psi) = 0$ 或 者 $V'_\Sigma(\theta) = 1$）当且仅当（据归纳假设）（$\psi \notin \Sigma$ 或者 $\theta \in \Sigma$）当且仅当（Σ 需要满足：对任意公式ϕ,ψ，（$\phi \notin \Sigma$ 或者 $\psi \in \Sigma$）当且仅当（$\phi \to \psi) \in \Sigma$）（$\psi \to \theta) \in \Sigma$。证毕。

从上述的证明中，我们可以看出满足真值引理的Σ不是普通的公式集。首先，定义 16 要求Σ必须是一致的，否则假如$p, \neg p \in \Sigma$，则 $V_\Sigma(p) = V_\Sigma(\neg p) = 1$是不合理的。其次，真值引理证明中的要求："对任意公式ϕ，$\phi \notin \Sigma$当且仅当$\neg\phi \in \Sigma$"其实是在说 Σ 要么包含了一个公式，要么包含了这个公式的否定。换句话说，Σ在保证一致的前提下，是极大的。为了完整叙述Σ的特殊，我们给出下面这个定义。

定义 17 公式集Σ是极大一致集，当且仅当满足下面两个条件：

（1）Σ是一致的

（2）对每一个公式$\phi \in$ WFF，或者$\phi \in \Sigma$ 或者$\neg\phi \in \Sigma$。两者必有其一，两者只有其一。

给出定义并不能解决问题，因为也许我们定义的东西根本就不存在。比如，你可以定义一个数叫作"神数"，如果它比 2 小并且比 3 大。这样的神数当然是不存在的。所以，给出极大一致集的定义并不能说明极大一致集一定存在，从而也就无法完成真值引理的证明。我们必须给出构造极大一致集的具体方法，在构造出它之后，再证明极大一致集具备了真值引理的证明过程中的那两个要求。这就是下面的林登鲍姆引理要做的事情。

引理 11 （林登鲍姆引理）对任意一致集Σ，存在它的极大一致集Σ_{max}使得$\Sigma \subseteq \Sigma_{max}$

证明：

我们首先介绍构造Σ_{max}的方法，再来证明Σ_{max}是极大一致集。令Σ是一个一致集。我们希望通过扩张Σ的方式使得其极大，但是，这种扩张如果不小心谨慎，则很有可能放进去某些公式使得Σ不一致。所以，我们既要保证Σ的扩张不会遗漏那些让它极大的公式，同时又要一步一步地扩张，并在每次扩张后都保证它是一致的。

我们首先把命题逻辑语言里所有可能的合法公式全部列出来，为了方便我们进行一步一步地扩张，这种列举的方式必须是线性且不会重复列举的。因此我们把WFF中的所有公式以$\phi_1 \ldots \phi_n \ldots, n \in \mathbb{N}$的方式排列好。这个排列当然是无穷长的，但是，它可以保证任何公式不会在这个排列中前后出现两次。下面，我们通过归纳的方式一步一步地构造Σ_{max}如下：

$$\Sigma^1 = \Sigma$$

$$\Sigma^{n+1} = \begin{cases} \Sigma^n \cup \{\varphi_n\} & \text{if } \Sigma^n \cup \{\varphi_n\} \text{是一致的} \\ \Sigma^n \cup \{\neg\varphi_n\} & \text{Otherwise} \end{cases}$$

$$\Sigma_{max} = \bigcup_{n\in\mathbb{N}} \Sigma^n$$

以上就是Σ_{max}的构造方法。下面，我们先来证明Σ^n是一致的。证明的方法是归纳n。然后再证明Σ_{max}是一致的。

基础情况： $n = 1$

这时，$\Sigma^1 = \Sigma$，而根据假设Σ是一致的。所以，Σ^1是一致的。

归纳情况： $n = m + 1$

我们需要证明Σ^{m+1}是一致的。由构造过程可知，如果$\Sigma^m \cup \{\phi_m\}$是一致的，则Σ^{m+1}是一致的。如果$\Sigma^m \cup \{\phi_m\}$是不一致的，我们需要证明$\Sigma^m \cup \{\neg\phi_m\}$是一致的。反证法。假设$\Sigma^m \cup \{\neg\phi\}$是不一致的，由一致性的定义可知，对某个$\psi \in \mathrm{WFF}$，我们有$\Sigma^m \cup \{\neg\phi\} \vdash \neg(\psi \to \psi)$。根据演绎定理，$\Sigma^m \vdash (\neg\phi_n \to \neg(\psi \to \psi))$。因为$\Sigma^m \vdash (\psi \to \psi)$，根据$\Sigma^m \vdash ((\psi \to \psi) \to (\neg\phi_n \to (\psi \to \psi)))$和$\Sigma^m \vdash ((\neg\phi_n \to (\psi \to \psi)) \to ((\neg\phi_n \to \neg(\psi \to \psi)) \to \psi_m))$，我们最终得到$\Sigma^m \vdash \phi_m$。由归纳假设，$\Sigma^m$是一致的。由待证的引理12（对任意一致集$\Delta$，如果$\Delta \vdash \phi$，则$\Delta \cup \{\phi\}$一致）可知，$\Sigma^m \cup \{\phi_m\}$是一致的。矛盾！所以$\Sigma^m \cup \{\neg\phi_m\}$是一致的。

现在我们来证明Σ_{max}是一致的。

反证法：假设Σ_{max}不一致。那么存在某个ϕ使得$\Sigma_{max} \vdash \neg(\phi \to \phi)$。根据定义，存在一个$\Sigma_{max}$的演绎$\theta_1 \ldots \theta_m$使得$\theta_m = \neg(\phi \to \phi)$。因为$\Sigma_{max} = \bigcup_{n \in \mathbb{N}} \Sigma^n$，我们有：对每个$\theta_i \in \theta_1 \ldots \theta_m$，都存在某个$j \in \mathbb{N}$使得$\theta_i \in \Sigma^j$。

我们接下来讨论θ_m是怎样得到的。

根据定义，有以下三种情况：

情况 1：$\theta_m \in \Sigma_{max}$

这意味着对某个j，$\theta_m \in \Sigma^j$。所以，$\Sigma^j \vdash \neg(\phi \to \phi)$。然而，$\Sigma^j \vdash (\phi \to \phi)$。根据引理 5，$\Sigma^j$是不一致的。矛盾。

情况 2：θ_m 是 A1、A2、A3 中的一个。

显然，这不可能。

情况 3：存在$1 \le k, t < m$，使得$\theta_t = (\theta_k \to \theta_m)$。令$\theta_t, \theta_k \in \Sigma^j$。则$\Sigma^j \vdash \theta_t$并且$\Sigma^j \vdash \theta_k$。所以，$\Sigma^j \vdash \theta_m$。类似地，$\Sigma^j$是不一致的，矛盾。

因此，$\neg(\phi \to \phi)$不可能由Σ_{max}推出。又因为ϕ是任意公式，所以，Σ_{max}是一致的。

接下来，我们来证明Σ_{max}是极大一致的。反证法。假设它不是极大一致的。那么，在构造过程中，在公式的队列中，存在第i个公式$\phi_i \in \phi_1 \ldots \phi_n \ldots$使得$\phi_i \notin \Sigma_{max}$并且$\neg\phi_i \notin \Sigma_{max}$。根据$\Sigma_{max}$的构造过程，如果$\phi_i \notin \Sigma_{max}$，那么$\phi_i \notin \Sigma^{i+1}$。这意味着$\Sigma^i \cup \{\phi_i\}$是不一致的。所以，

$\Sigma^{i+1} = \Sigma^i \cup \{\neg\phi_i\}$。然后有$\neg\phi_i \in \Sigma_{max}$。矛盾。证毕。

下面我们证明上面这个证明中待证的引理。

引理 12 对任意一致集Δ，如果$\Delta \vdash \phi$，则$\Delta \cup \{\phi\}$一致。

证明：

假设Δ是一致的，并且$\Delta \vdash \phi$。反证法：假设$\Delta \cup \{\phi\}$不一致。则存在$\psi \in$ WFF，使得$\Delta \cup \{\phi\} \vdash \neg(\psi \to \psi)$。据演绎定理，$\Delta \vdash (\phi \to \neg(\psi \to \psi))$。所以，$\Delta \vdash \neg(\psi \to \psi)$。所以，$\Delta$是不一致的。矛盾。证毕。

下面，我们给出正式版的真值引理：

引理 13 （真值引理）给定极大一致集Σ和$\phi \in$ WFF，我们有：

$$V'_{\Sigma}(\phi) = 1 \text{当且仅当} \phi \in \Sigma$$

我们只需要以Σ为极大一致集作为条件，来补齐预备版真值引理的证明中所缺的两个条件就完成了真值引理的证明。第一个条件由Σ的极大一致集定义就可以满足。第二个条件需要借助下面这个引理。

**引理 14　如果 Σ 是极大一致集，那么对 $\phi,\psi \in$,
$(\phi \to \psi) \in \Sigma$ 当且仅当 $\phi \notin \Sigma$ 或者 $\psi \in \Sigma$。**

证明：

令 Σ 是一个极大一致集。

$\Rightarrow$

假设 $(\phi \to \psi) \in \Sigma$。反证法：假设 $\phi \in \Sigma$ 并且 $\psi \notin \Sigma$。由 $(\phi \to \psi) \in \Sigma$ 和 $\phi \in \Sigma$，我们有 $\Sigma \vdash (\phi \to \psi)$ 并且 $\Sigma \vdash \phi$。所以，$\Sigma \vdash \psi$。但是 $\psi \notin \Sigma$ 意味着 $\neg\psi \in \Sigma$。所以，$\Sigma \vdash \neg\psi$。根据引理5，Σ 是不一致的。矛盾。

$\Leftarrow$

假设 $\phi \notin \Sigma$ 或者 $\psi \in \Sigma$，我们需要证明 $(\phi \to \psi) \in \Sigma$。我们采用分情况证明：

情况 1：

$\psi \in \Sigma$。则 $\Sigma \vdash \psi$。所以，$\Sigma \cup \{\phi\} \vdash \psi$。由演绎定理，$\Sigma \vdash (\phi \to \psi)$，所以，$(\phi \to \psi) \in \Sigma$。

情况 2：

$\phi \notin \Sigma$。则 $\neg\phi \in \Sigma$。我们有 $\Sigma, \phi \vdash \phi$ 并且 $\Sigma, \phi \vdash \neg\phi$。我们知道由 A 1 有 $\Sigma, \phi \vdash (\phi \to (\neg\psi \to \phi))$，所以有

$\Sigma, \phi \vdash (\neg \psi \rightarrow \phi)$，同理，$\Sigma, \phi \vdash (\neg \phi \rightarrow (\neg \psi \rightarrow \neg \phi))$，所以，$\Sigma, \phi \vdash (\neg \psi \rightarrow \neg \phi)$。据 A3 有 $\Sigma, \phi \vdash ((\neg \psi \rightarrow \phi) \rightarrow ((\neg \psi \rightarrow \neg \phi) \rightarrow \psi))$。所以，$\Sigma, \phi \vdash \psi$。所以，$\Sigma \vdash (\phi \rightarrow \psi)$。所以，$(\phi \rightarrow \psi) \in \Sigma$。证毕。

到此为止，我们补齐了真值引理的证明，也完成了林登鲍姆引理的证明。根据完全性证明的自然演绎推理，我们已经补齐了所有的待证部分。因此，公理系统的完全性证毕。

练习题

本章证明的公理系统完全性是强完全性，即带有前提集 Δ。下面这个版本的完全性是系统的弱完全性：

对任意 $\phi \in$ WFF，如果 $\models \phi$，则 $\vdash \phi$。

试证明公理系统具有弱完全性。

附录 A

真值表

A.0.1 基本真值表

真值表是一种语义刻画公式和推理的方法。在这里我们将介绍真值表和如何使用真值表计算公式真值。

命题逻辑的公式是由字母和联结词结合而成的，这里我们先介绍各个联结词的真值表，也叫作基本真值表。首先，是联结词¬的真值表：

ϕ	$\neg\phi$
1	0
0	1

任给公式ϕ，其真值无外乎真或者假两种情况。我们用"1"表示"真"，"0"表示"假"。表中ϕ列表示ϕ的真假两种情况，而$\neg\phi$列表示$\neg\phi$的真假两种情况。从横排来看，当ϕ为1时，$\neg\phi$为0，当ϕ为0时，$\neg\phi$为1。这个表格就是$\neg$这个联结词的真值表。我们可以把$\neg$理解为"并非"。

接着是联结词$\wedge$的真值表：

ϕ	ψ	$(\phi \wedge \psi)$
1	1	1
1	0	0
0	1	0
0	0	0

任给公式ϕ和ϕ，其真值组合一共四种，所以这个真值表有四行。公式$(\phi \wedge \psi)$只有在第一行，也就是ϕ和ψ都为1时，才是1，其余的行都为0。这也就是说，$(\phi \wedge \psi)$只有当ϕ和ψ都是真的时候才是真的，其余情况都是假的。这就是$\wedge$的真值表，我们可以把$\wedge$理解为"并且"或者"但是"。

下面是联结词$\vee$的真值表：

ϕ	ψ	$(\phi \lor \psi)$
1	1	1
1	0	1
0	1	1
0	0	0

据表，公式$(\phi \lor \psi)$只有在第四行，也就是ϕ和ψ都为 0 时，才是 0，其余的行都为 0。这也就是说，$(\phi \lor \psi)$只有当ϕ和ψ都是假的时候才是假的，其余情况都是真的。这就是 $\lor$ 的真值表，我们可以把 $\lor$ 理解为"或者"。

接下来是联结词 → 的真值表：

ϕ	ψ	$(\phi \to \psi)$
1	1	1
1	0	0
0	1	1
0	0	1

公式$(\phi \to \psi)$只有在第二行，也就是ϕ为 1 和ψ为 0 时，

才是 0，其余的行都为 1。这也就是说，$(\phi \to \psi)$只有当ϕ为真和ψ为假的时候才是假的，其余情况都是真的。这就是$\to$的真值表，我们可以把$\to$理解为"如果……那么……"为了便于理解，我们这里举个例子。你今天过生日，我带来了一个礼盒，然后告诉你："如果你打开这个盒子，你就能看到礼物。"你如何判断我是否在骗你？第一种情况：你打开盒子，看到了礼物。这显然说明我没有骗你。第二种情况：你打开盒子，却没有看到礼物。这说明我骗了你。第三种情况：你没有打开盒子，你看到了礼物，比如这个盒子是个透明的。这说明我也没有骗你。第四种情况：你没有打开盒子，也看不到礼物。我有没有骗你呢？如果你质疑我骗了你，即使这个盒子是透明的，我也可以反驳说，这个盒子的奇妙之处就在于当你打开盒子的瞬间，礼物就会出现。因为你没有打开盒子，你无法质疑我的反驳。所以，第四种情况下，我没有骗你。上述的四种情况对应了$\to$的真值表的由上到下的四行。

最后，我们看一下联结词$\leftrightarrow$的真值表：

ϕ	ψ	$(\phi \leftrightarrow \psi)$
1	1	1
1	0	0
0	1	0
0	0	1

据表，公式$(\phi \leftrightarrow \psi)$只有在第一、第四行，也就是$\phi$和$\psi$的值相等时，才是 1，否则为 0。这也就是说，$(\phi \leftrightarrow \psi)$只有当$\phi$和$\psi$真假相同时，才是真的，否则就是假的。这就是$\leftrightarrow$的真值表，我们可以把$\leftrightarrow$理解为"等值"或"当且仅当"。

以上我们介绍了各个联结词的真值表，也被称为基本真值表。借助于我们在第二章介绍的子公式概念，我们可以计算任意公式的真值表。请看下例：

$$\cfrac{\cfrac{p \quad q}{(p \wedge q)} \wedge \cfrac{p \quad r}{(p \wedge r)} \wedge}{\cfrac{((p \wedge q) \rightarrow (p \vee r))}{\neg((p \wedge q) \rightarrow (p \vee r))} \neg}$$

p	q	r	$(p \wedge q)$	$(p \wedge r)$	$((p \wedge q) \to (p \wedge r))$	$\neg(((p \wedge q) \to (p \wedge r)))$
1	1	1	1	1	1	0
1	1	0	1	0	0	1
1	0	1	0	1	1	0
1	0	0	0	0	1	0
0	1	1	0	0	1	0
0	1	0	0	0	1	0
0	0	1	0	0	1	0
0	0	0	0	0	1	0

　　根据 $\neg(((p \wedge q) \to (p \wedge r)))$ 的构成过程，按照从上到下的顺序把每个部分从左到右依次列在真值表里。按照标准真值表，逐列计算，最后一列的真值就是该公式的真值。注意一点，每列的真值指的是该列公式的真值，不是真值数字正上方的联结词的真值。另外，此例中出现了三个字母，其真假组合一共八种，所以真值表有八行。

A.0.2 判定公式是重言式、矛盾式还是可满足式

用真值表可以计算一个公式 ϕ 是重言式、矛盾式还是可满足式。如果 ϕ 的真值每一行都是 1，它就是重言式。如果 ϕ 的真值每一行都是 0，它就是矛盾式。如果 ϕ 的真值有些行是 1，有些行是 0，它就是可满足式。

p	q	$\neg q$	$(p \wedge q)$	$(p \rightarrow \neg q)$	$\neg(p \wedge q)$	$(\neg(p \wedge q) \rightarrow (p \rightarrow \neg q))$
1	1	0	1	0	0	1
1	0	1	0	1	1	1
0	1	0	0	1	1	1
0	0	1	0	1	1	1

p	q	r	$(q \rightarrow p)$	$\neg(q \rightarrow p)$	$(p \rightarrow (q \wedge r))$	$((p \rightarrow (q \wedge r)) \vee \neg(q \rightarrow p))$
1	1	1	1	1	0	1
1	1	0	1	0	0	0

续表

p	q	r	$(q \rightarrow p)$	$\neg(q \rightarrow p)$	$(p \rightarrow (q \land r))$	$((p \rightarrow (q \land r)) \lor \neg(q \rightarrow p))$
1	0	1	1	0	0	0
1	0	0	1	0	0	0
0	1	1	0	1	1	1
0	1	0	0	1	1	1
0	0	1	1	1	0	1
0	0	0	1	1	0	1

p	q	$\neg p$	$(p \land q)$	$(\neg p \land q)$	$((p \land q) \land (\neg p \land q))$
1	1	0	1	0	0
1	0	0	0	0	0
0	1	1	0	1	0
0	0	1	0	0	0

为了简化真值表，我们也可以把每个公式（字母）的真值写在该公式（字母）的正下方。上表的简化版如下：

(p	∧	q)	∧	(¬p	∧	q)
1	1	1	0	0	0	1
1	0	0	0	0	0	0
0	0	1	0	1	1	1
0	0	0	0	1	0	0

A.0.3 判定公式是否一致、等值或者互相矛盾

在一个真值表里画出 $\phi_1, \phi_2 \ldots \phi_n$，如果存在一行它们的真值都为 1，则 $\phi_1, \phi_2 \ldots \phi_n$ 是一致的。

(((p	∨	¬p)	∧	(p	→	r))	→	r)
1	1	0	1	1	1	1	1	1
1	1	0	0	1	0	0	1	0
1	1	0	1	1	1	1	1	1
1	1	0	0	1	0	0	1	0
0	1	1	1	0	1	1	1	1
0	1	1	1	0	1	0	0	0
0	1	1	1	0	1	1	1	1
0	1	1	1	0	1	0	0	0

((p	∨	q)	→	(q	∨	q))
1	1	1	1	1	1	1
1	1	1	1	1	1	1
1	1	0	1	0	1	1
1	1	0	1	0	1	1
0	1	1	1	1	1	0
0	1	1	1	1	1	0
0	0	0	1	0	0	0
0	0	0	1	0	0	0

上面两个表因为太宽，分上下两部分显示。

要判断ϕ和ψ是否是等值（矛盾），只需要把它们画在同一个真值表里，如果它们的真值处处相等（不等），则是等值（矛盾）的。

(¬	p	∨	¬	q)	¬	(p	∧	q)
0	1	0	0	1	0	1	1	1
0	1	1	1	0	1	1	0	0
1	0	1	0	1	1	0	0	1
1	0	1	1	0	1	0	0	0

(((p	→	q)	↔	(¬p	∨	q))
1	1	1	1	0	1	1
1	0	0	1	0	0	0
0	1	1	1	1	1	1
0	1	0	1	1	1	0

¬	((p	→	q)	→
0	1	1	1	1
0	1	0	0	1
0	0	1	1	1
0	0	1	0	1

((¬p	→	q)	→	q))
0	1	1	1	1
0	1	0	0	0
1	1	1	1	1
1	0	0	1	0

A.0.4 判定论证是否是有效的

对于论证 $\phi_1, \phi_2 \dots \phi_n \therefore \psi$ 来说，判断这个论证是否有效的办法是把 $\phi_1, \phi_2 \dots \phi_n \psi$ 画在同一个真值表里，如果存在某一行使得 $\phi_1 = \phi_2 = \cdots = \phi_n = 1$ 但是 $\psi = 0$，则该论证是无效的，否则，是有效的。

论证 $(\neg(\neg p \lor \neg q) \to \neg(q \land q)) \therefore \neg(p \land q)$ 是有效的，因为：

(¬	(¬p	∨	¬q)	→	¬	(p	∧	q))
1	0	0	0	0	0	1	1	1
0	0	1	1	1	1	1	0	0
0	1	1	0	1	1	0	0	1
0	1	1	1	1	1	0	0	0

¬	(p	∧	q)
0	1	1	1
1	1	0	0
1	0	0	1
1	0	0	0

论证$(p \to q),(\neg r \to p) \therefore \neg(q \vee r)$是无效的，因为真值表的第一行：

(p	→	q)	(¬r	→	p)
1	1	1	0	1	1
1	1	1	1	1	1
1	0	0	0	1	1
1	0	0	1	1	1
0	1	1	0	1	0
0	1	1	1	0	0
0	1	0	0	1	0
0	1	0	1	0	0

¬	(q	∨	r)
0	1	1	1
0	1	1	0
0	0	1	1
1	0	0	0
0	1	1	1
0	1	1	0
0	0	1	1
1	0	0	0

A.0.5 归谬赋值法

即使上面为真值表的简化版，但看上去依然过于复杂。当我们去判断公式的性质或者一些公式的关系时，真值表里只有一些行对我们的判断有意义，大量的行实际上是多余的。在这一节，我们介绍的归谬赋值法，就是针对这个问题而设计的。

在上文中，我们用真值表判定了 $(\neg(p \wedge q) \rightarrow (p \rightarrow \neg q))$ 是个重言式。我们现在换个思考角度，假设这个公式是假的，因为这是个蕴含式，则前件真，后件假。据此，逐步倒推每个字母的真值，倒退完毕后，如果某个字母的真值出现了既是真的也是假的，即出现了矛盾，就反证得出了该公式不可能是假的，因而这个公式是真的。具体过程如下：

第一步：

$$\underset{1}{\neg}(p \wedge q) \underset{\mathbf{0}}{\rightarrow} (p \underset{0}{\rightarrow} \neg q)$$

第二步：

$$\underset{1}{\neg}(p \underset{0}{\wedge} q) \underset{\mathbf{0}}{\rightarrow} (p \underset{1}{\rightarrow} \underset{0}{\neg} q)$$

第三步：

$$\neg(\underset{1}{\,}\underset{0}{(}p\underset{0}{\wedge}q\underset{0}{)})\underset{\mathbf{0}}{\to}(\underset{1}{p}\to\underset{0}{\neg}\underset{0}{q})$$

我们分了三个步骤画好了$(\neg(p\wedge q)\to(p\to\neg q))$的归谬赋值。可以看到在第三步里，p 被要求既是 0 也是 1，这产生了矛盾。所以，在第一步中，$(\neg(p\wedge q)\to(p\to\neg q))$为 0 是不可能的，即其完整的真值表里不可能出现有 0 的一行，所以，它是重言式。

下面我们来画公式$((p\to q)\wedge(\neg r\to p))\to\neg(q\vee r)$的归谬赋值：

第一步：

$$((p\to q)\underset{1}{\wedge}(\neg r\to p))\underset{\mathbf{0}}{\to}\underset{0}{\neg}(q\vee r)$$

第二步：

$$((p\underset{1}{\to}q)\underset{1}{\wedge}(\neg r\underset{1}{\to}p))\underset{\mathbf{0}}{\to}\underset{0}{\neg}(q\underset{1}{\vee}r)$$

第三步：

$$((\underset{1}{p}\underset{1}{\to}\underset{1}{q})\underset{1}{\wedge}(\underset{0}{\neg}\underset{1}{r}\underset{1}{\to}\underset{1}{p}))\underset{\mathbf{0}}{\to}\underset{0}{\neg}(\underset{1}{q}\underset{1}{\vee}\underset{1}{r})$$

假设$((p\to q)\wedge(\neg r\to p))\to\neg(q\vee r)$为假后，给每个子公式和字母赋值并没有产生矛盾，这意味着当下的赋值是完整真值表中该公式为假的行（其中之一）。所以该公式并非是重言式。可以看到，归谬赋值法避免了画出完整真值表中无效的行，其更为高效。

如果读者稍加注意，会发现$((p \to q) \land (\neg r \to p)) \to \neg(q \vee r)$与上一节中的我们判定无效的论证：$(p \to q), (\neg r \to p) \therefore \neg(q \vee r)$高度相似。把论证中的前提用合取符号$\land$连接起来，把$\therefore$替换成$\to$，就变成了$((p \to q) \land (\neg r \to p)) \to \neg(q \vee r)$。这实际上给了我们一个提示，以这种方式把论证改写成一个蕴含式，论证是有效的恰好对应于这个蕴含式是重言式。所以，我们可以用归谬赋值法的手段来判断一个论证是否有效。

论证$\neg(p \to q), ((p \land r) \to q) \therefore \neg r$是有效的，因为：

第一步：

$$((\underset{1}{\neg(p \to q)} \land ((p \land r)) \to q) \underset{\mathbf{0}}{\to} \underset{0}{\neg} r)$$

第二步：

$$((\underset{1}{\neg}(p \to q) \underset{1}{\land} ((p \land \underset{1}{r})) \underset{1}{\to} q) \underset{\mathbf{0}}{\to} \underset{0}{\neg} \underset{1}{r})$$

第三步：

$$((\underset{1}{\neg}(\underset{1}{p} \underset{0}{\to} \underset{0}{q} \underset{1}{\land} ((\underset{1}{p} \land \underset{1}{r})) \underset{1}{\to} \underset{0}{q}) \underset{\mathbf{0}}{\to} \underset{0}{\neg} \underset{1}{r})$$

第四步：

$$((\neg(p \to q \land((p \land r)) \to q) \to \neg r)$$
$$\ \ \ 1\ \ 1\ \ 0\ 0\ 1\ \ \ 1\ 1\ 1\ \ \ \ \underline{1/0}\ 0\ \ \ \mathbf{0}\ \ 0\ 1$$

在第四步里，→的值既是 1 也是 0，矛盾。所以，这个论证是有效的。

论证 $((p \lor q) \to r), (r \to (p \land q)) \therefore \neg(p \leftrightarrow q)$ 是无效的，因为：

第一步：

$$((((p \lor q) \to r) \land (r \to (p \land q)) \to \neg(p \leftrightarrow q))$$
$$\ 1\ \mathbf{0}\ \ 0$$

第二步：

$$((((p \lor q) \to r) \land (r \to (p \land q)) \to \neg(p \leftrightarrow q))$$
$$\ \ \ \ 1\ \ 1\ 1\ 1\ \ 1\ \ 1\ 1\ 1\ \ \ 1\ \ \ \ \ \mathbf{0}\ \ 0\ 1\ \ 1$$

假设 $((((p \lor q) \to r) \land (r \to (p \land q))) \to \neg(p \leftrightarrow q)$ 为假后，没有产生任何赋值矛盾，说明它可以为假，意味着该论证存在前提为真，结论为假的情况，所以这个推理是无效的。

归谬赋值法还可以用来判断公式是否是重言式或者矛盾式。判断 ϕ 是否是重言式，只要画 ϕ 的归谬赋值，有矛盾的话 ϕ 就是重言式，否则 ϕ 不是重言式。

例如：

$$(\underset{\underline{1}}{\phi} \underset{\mathbf{0}}{\to} (\underset{1}{\psi} \underset{0}{\to} \underset{\underline{0}}{\phi}))$$

而公式$((p \lor q) \lor (p \land q))$不是重言式：

$$((\underset{1}{p} \underset{1}{\lor} \underset{0}{q}) \underset{\mathbf{0}}{\lor} (\underset{1}{p} \underset{0}{\land} \underset{0}{q}))$$

判断ϕ是否是矛盾式，只要画$\neg\phi$的归谬赋值，有矛盾的话ϕ就是矛盾式，否则ϕ不是矛盾式。$(\neg(p \land (q \lor r)) \leftrightarrow ((p \land q) \lor (p \land r)))$是矛盾式：

$$\underset{\mathbf{0}}{\neg}(\neg(p \land (q \lor r)) \underset{1}{\leftrightarrow} ((p \land q) \lor (p \land r)))$$

第一种情况：

$$\underset{\mathbf{0}}{\neg}(\underset{1}{\neg}(\underset{0}{p} \underset{0}{\land}(\underset{0}{q} \underset{0}{\lor} \underset{0}{r})) \underset{1}{\leftrightarrow} (\underset{0}{(p} \underset{0}{\land} \underset{0}{q)} \underset{\underline{1/0}}{\lor} (\underset{0}{p} \underset{0}{\land} \underset{0}{r})))$$

第二种情况：

$$\underset{\mathbf{0}}{\neg}(\underset{0}{\neg}(\underset{1}{p} \underset{1}{\land}(\underset{0}{q} \underset{\underline{1/0}}{\lor} \underset{0}{r})) \underset{1}{\leftrightarrow} (\underset{1}{(p} \underset{0}{\land} \underset{0}{q)} \underset{0}{\lor} (\underset{1}{p} \underset{0}{\land} \underset{0}{r})))$$

无论哪种情况，该公式的否定的归谬赋值都产生了矛盾。所以，该公式是矛盾式。

公式$(((p \land r) \to q) \to (r \to q))$则不是矛盾式，如下：

$$\underset{0}{\neg}(((\underset{1\ 1\ 1}{p \wedge r}) \underset{1}{\to} \underset{1}{q}) \underset{1}{\to} (\underset{1\ 1\ 1}{r \to q}))$$

归谬赋值法也可以用来判断公式之间的关系。用归谬赋值法来判断 ϕ 和 ψ 是否一致，只需要判定 $\neg(\phi \wedge \psi)$ 的归谬赋值是否会产生矛盾即可。有矛盾说明 ϕ 和 ψ 是不一致的，否则它们是一致的。

公式 $(p \wedge (p \to q))$　$(\neg p \vee \neg q)$ 是不一致的，如下：

$$\underset{0}{\neg}((\underset{1\ 1\ 1\ 1\ 1\ 1}{p \wedge (p \to q)}) \underset{1}{\wedge} (\underset{0\ 1\ \underline{1/0}\ 0\ 1}{\neg p\ \vee\ \neg q}))$$

用归谬赋值法判定 ϕ 和 ψ 是否等值，需要判定 $(\phi \leftrightarrow \psi)$ 的归谬赋值是否产生矛盾。有矛盾说明它们是等值的，否则它们就不等值。

公式 $(p \wedge (q \vee r))((p \wedge q) \vee (p \wedge r))$ 是等值的，如下：

$$((p \wedge (q \vee r)) \underset{0}{\leftrightarrow} ((p \wedge q) \vee (p \wedge r)))$$

第一种情况：

$$((\underset{1\ 1\ 0\ 1\ \underline{1/0}\ 0}{p \wedge (q \vee r)}) \underset{0}{\leftrightarrow} ((\underset{1\ 0\ 0}{p \wedge q}) \underset{0}{\vee} (\underset{1\ 0\ 0}{p \wedge r})))$$

第二种情况的第一种子情况：

$$((\underset{1\ 0\ 0\ 0\ 0}{p \wedge (q \vee r)}) \underset{0}{\leftrightarrow} ((\underset{1\ 0\ 0}{p \wedge q}) \underset{\underline{1/0}}{\vee} (\underset{1\ 0\ 0}{p \wedge r})))$$

第二种情况的第二种子情况：

$$\underset{0\ 0\ \ \ 1\ \ 1\ 1\ \ \ \ \mathbf{0}\ \ \ \ 0\ 0\ 1\ \ \underline{1/0}\ \ 0\ 0\ 1}{((p\wedge(q\vee r))\leftrightarrow((p\wedge q)\vee(p\wedge r)))}$$

用归谬赋值法判定 ϕ 和 ψ 是否互相矛盾，需要判定 $\neg(\phi\leftrightarrow\psi)$ 的归谬赋值是否产生矛盾。有矛盾说明它们是互相矛盾的，否则它们就不互相矛盾。

公式 $\neg(p\to p)((p\to(q\to r))\to((p\to q)\to(p\to r)))$ 是互相矛盾的，因为：

$$\underset{\mathbf{0}\qquad\qquad\qquad\qquad\qquad\qquad\qquad\qquad 1}{\neg(((p\to(q\to r))\to((p\to q)\to(p\to r)))\leftrightarrow\neg(p\to p))}$$

第一种情况的第一种子情况：

$$\underset{\mathbf{0}\qquad\qquad\qquad 1\qquad\qquad\qquad\qquad\ \ 1\ 1\ \ 1\ \underline{1/0}\ 1}{\neg(((p\to(q\to r))\to((p\to q)\to(p\to r)))\leftrightarrow\neg(p\to p))}$$

第一种情况的第二种子情况：

$$\underset{\mathbf{0}\qquad\qquad\qquad 1\qquad\qquad\qquad\qquad\ \ 1\ 1\ \ 0\ \underline{1/0}\ 0}{\neg(((p\to(q\to r))\to((p\to q)\to(p\to r)))\leftrightarrow\neg(p\to p))}$$

第二种情况：

$$\underset{\mathbf{0}\ \ 1\ 1\ \ 1\ \underline{1/0}\ 0\ \ \ \ 0\ \ 1\ 1\ 1\ \ 0\ 1\ 0\ 0\ \ \ 1\ 0\ 1\ 1\ 1}{\neg(((p\to(q\to r))\to((p\to q)\to(p\to r)))\leftrightarrow\neg(p\to p))}$$

A.0.6 真值表的应用困境

以上我们讨论了真值表的各种判定功能，对命题逻辑的各种判定功能而言，真值树、自然演绎系统和公理系统可以做到的真值表都可以做到，并且真值表比这二者学起来更简单。那么我们为什么还要介绍真值树、自然演绎系统和公理系统呢？很重要的原因之一是真值表的复杂度过高，使其只具备理论上的可行性。对一个含有两个不同字母的公式画真值表，需要画四行；三个不同字母的公式画真值表，需要画八行；四个字母的则需要画十六行。实际上，一个（些）公式真值表的行数 = 2^n，其中 n 是出现在这个（些）公式中的不同字母的数量。就逻辑推理而言，我们经常会遇到复杂论证，包含五十个字母，甚至一百个字母。用真值表判定这样的公式，由于其惊人的复杂度，耗尽地球资源也做不到。即便是归谬赋值法，我们也在最后的几个例子中看到，我们经常要分情况讨论，对于复杂论证而言，这仍然是一项工作量巨大而又极为重要的工作。